ABHANDLUNGEN DER DEUTSCHEN AKADEMIE
DER WISSENSCHAFTEN ZU BERLIN

Klasse für Mathematik, Physik und Technik

Jahrgang 1962 Nr. 6

BEITRÄGE ZUR METALLPHYSIK

I

Vorträge vor der Unterkommission Metallphysik der Sektion für Physik der Deutschen Akademie der Wissenschaften zu Berlin

Mit 75 Abbildungen und 6 Tabellen

AKADEMIE-VERLAG · BERLIN
1962

Vorgelegt von Hrn. EISENKOLB in der Klassensitzung vom 9. November 1961

Zum Druck genehmigt am gleichen Tage, ausgegeben am 17. November 1962

Erschienen im Akademie-Verlag GmbH, Berlin W 8, Leipziger Straße 3—4

Lizenznummer: 202 · 100/744/62
Gesamtherstellung: Druckhaus „Maxim Gorki", Altenburg
Bestellnummer: 2001/62/I/6 · ES 18 B 1 u. 20 C 6 · Preis: DM 15,50

VORWORT

Die Unterkommission für Metallphysik der Sektion Physik der Deutschen Akademie der Wissenschaften zu Berlin veranstaltet mehrmals im Jahr Sitzungen, die abwechselnd in den Instituten der Kommissionsmitglieder stattfinden. Dabei wird über neue Forschungsergebnisse des betreffenden Institutes von seinen Mitarbeitern berichtet, nachdem der Institutsdirektor einleitend einen Gesamtüberblick über die Arbeiten seines Institutes gegeben hat. Im Anschluß an die Vorträge ist den Teilnehmern Gelegenheit gegeben, in den Laboratorien die besprochenen Versuchsanordnungen zu besichtigen und dabei eventuell noch Einzelheiten zu klären.

Es ist vielfach der Wunsch geäußert worden, diese Vorträge zu veröffentlichen, um die in ihnen besprochenen Forschungsergebnisse einem weiteren Kreise bekanntzumachen. Die Klasse für Mathematik, Physik und Technik der Deutschen Akademie der Wissenschaften zu Berlin hat dankenswerterweise ihre Zustimmung gegeben, daß dies in den Abhandlungen der Akademie geschehen kann.

Das vorliegende Heft berichtet über die Sitzungen im Jahre 1959 und 1960

im III. Physikalischen Institut der Humboldt-Universität zu Berlin, am 20. 2. 1959,
im Forschungsinstitut für metallische Spezialwerkstoffe Dresden, am 10. 6. 1959,
im Institut für Angewandte Physik der Reinststoffe Dresden, am 4. 12. 1959,
im Physikalischen Institut der Hochschule für Verkehrswesen, Dresden, am 6. Mai 1960,
im Mineralogisch-Petrographischen Institut der Humboldt-Universität zu Berlin, am 14. Oktober 1960.

Soweit die Vorträge bereits anderweitig veröffentlicht sind, ist im Inhaltsverzeichnis der Titel mit der Stelle der Veröffentlichung angegeben. In den anderen Fällen enthält der Text eine Zusammenfassung.

Die Unterkommission hofft, mit diesen Veröffentlichungen einen Beitrag zur Nutzbarmachung der metallphysikalischen Ergebnisse zu leisten.

GUSTAV E. R. SCHULZE
Vorsitzender der Unterkommission
für Metallphysik

INHALT

Sitzung am 6. Mai 1960 im Physikalischen Institut der Hochschule für Verkehrswesen, Dresden, Leiter: Prof. Dr. H. G. Müller

Sitzung am 14. Oktober 1960 im Mineralogisch-Petrographischen Institut der Humboldt-Universität zu Berlin, Leiter: Prof. Dr. W. Kleber

Erholungserscheinungen in plastisch deformiertem Kupfer

Von F. Thom, Berlin

Zur Untersuchung der Erholung von Metallen zieht man oft die elektrische Leitfähigkeit heran. Der Restwiderstand, der durch die atomaren Störungen im Kristall hervorgerufen wird, bildet ein Maß für die vorhandenen Gitterstörungen. Er gestattet so eine Verfolgung der Ausheilvorgänge bei der Erholung.

Bei der plastischen Deformation werden in dem Metall Versetzungen gebildet, die bei ihrer Bewegung nach der Entstehung von Versetzungssprüngen Leerstellen und Zwischengitteratome erzeugen. So befinden sich im deformierten Metall Versetzungen und Fehlstellen nebeneinander, was sich beim Tempern, den unterschiedlichen Wanderungsenergien entsprechend, in einer schrittweisen Erholung äußert. Erholungsmessungen, besonders der elektrischen Leitfähigkeit, an verschiedenen Metallen sind in der Literatur beschrieben. H. G. v. Bueren [1] hat als erster den Versuch unternommen, die charakteristischen Erholungsstufen der elektrischen Leitfähigkeit bei Kupfer, die beim Tempern nach einer plastischen Deformation, einer Teilchenbestrahlung oder einem Abschrecken von Temperaturen nahe dem Schmelzpunkt auftreten können, zu deuten. Er ordnet den einzelnen Erholungsstufen Diffusionsprozesse der verschiedenen Gitterstörungen zu unter Verwendung der Werte der Wanderungsenergien der Fehlstellen und Versetzungen, die aus anderen Messungen oder theoretischen Betrachtungen bekannt sind. Analoge Betrachtungen von Seeger [2] ergeben eine von der letztgenannten etwas abweichende Deutung der Erholungsschritte. Nach der augenblicklichen Deutung liegt bei der ersten Erholungsstufe eine Rekombination sehr naher Frenkel-Paare vor. Diese Stufe tritt aber nur bei bestrahltem Metall auf. Während der zweiten Stufe heilen die Zwischengitteratome aus und bei der dritten die Leerstellenpaare. Die vierte Stufe entspricht der Diffusion der Leerstellen, was am gesichertsten anzusehen ist. Während der letzten Stufe läuft dann die Selbstdiffusion ab. Die ersten drei Erholungsstufen zeigen sich bei Kupfer unterhalb der Zimmertemperatur.

Hier war die Aufgabe gestellt, Kupfer nicht sehr hoher Reinheit bei tiefen Temperaturen zu verformen und die Erholungserscheinungen der elektrischen Leitfähigkeit über einen weiten Temperaturbereich zu verfolgen.

Es wurde Kupfer mit 99,88% Cu in Drahtform mit einem Durchmesser von 0,15 mm verwendet. Die Drahtproben waren ca. 1 m lang und vor der Messung weichgeglüht. Zur Dehnung wurde eine Apparatur benutzt, wie sie Abb. 1 zeigt.

Die Probe ist käfigartig über zwei Probenhalterungen gewickelt, von denen die obere an einer Torsionswaage oberhalb des Flansches aufgehängt ist. Die untere ist drehbar auf der Spindel angeordnet, so daß bei Drehung der Spindel der Probenkäfig gedehnt wird. Die Längung der Probe kann an einer Skala auf der Spindel abgelesen werden. Diese Dehnungsapparatur befindet sich bei den Erholungsmessungen in einem Kryostaten, den Abb. 2 schematisch zeigt. Der Probenkäfig befindet sich hier im unteren Teil eines Metalldewargefäßes, dessen Vakuummantel belüftbar ist. Unter diesem Gefäß ist ein Vorratsgefäß angebracht, aus dem das verwendete Kühlmittel (hier fl. O_2 oder fl. Luft) in den Probenraum gepumpt werden kann bzw. aus diesem ablaufen kann.

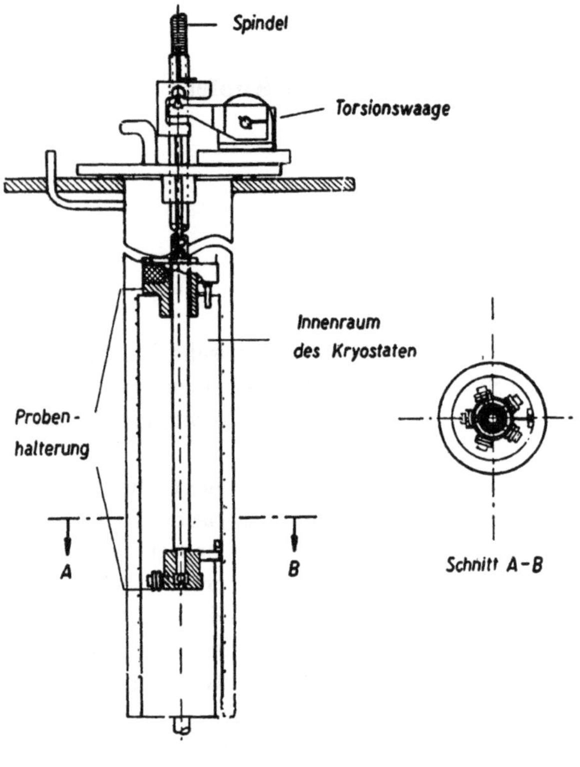

Abb. 1. Aufbau der Dehnungsapparatur

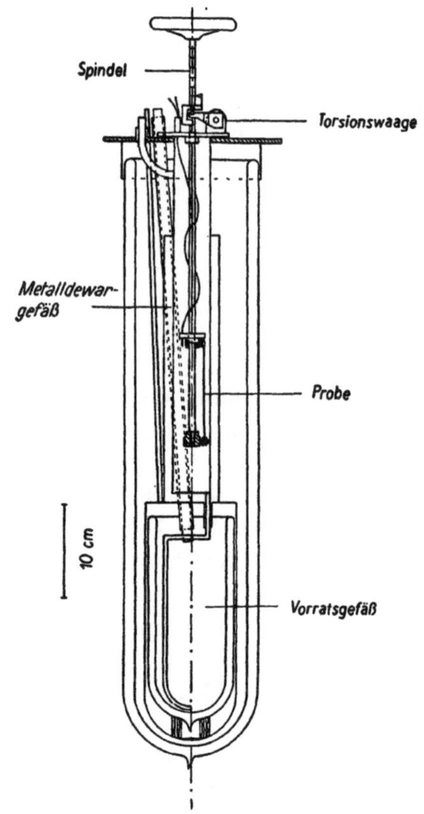

Abb. 2. Aufbau des Kryostaten

Zu den Erholungsmessungen wurden die Proben nun zunächst in flüssigem O_2 um 15% gedehnt und anschließend sofort getempert. Die Widerstandsmessungen wurden mit einer Thomson-Brücke vorgenommen, die gleichzeitig zur Temperaturbestimmung beim Tempern benutzt wurde, indem die Probe als Widerstandsthermometer arbeitete. Die Fehlanzeige der Temperatur durch den Widerstandsrückgang bei der Erholung wurde für jeden Temperschritt nach der Messung korrigiert. Geheizt wurde die Probe direkt mit Wechselstrom. Bei Erholungsmessungen in Abhängigkeit von der Tempertemperatur gilt es, die Probe während konstanter Zeiten auf die jeweilige Temperatur schnell aufzuheizen und nach der Temperzeit schnell abzukühlen, um definierte Temperintervalle angeben zu können. Aus diesem Grund muß auch ein Überschwingen der Temperatur unbedingt vermieden werden. Um dies zu erreichen, wurde der Heizstrom durch die Temperaturanzeige der Thomson-Brücke geregelt. Dadurch war es möglich, die Probe sehr rasch aufzuheizen und bei Annäherung an die gewünschte Temperatur den Heizstrom so zu drosseln, daß diese Temperatur mit nur kleinen Schwankungen aufrechterhalten werden konnte. Die Temperung wurde dann so vorgenommen, daß die Probe bei jeweils gleichen Temperzeiten auf die gewünschte Tempertemperatur geheizt wurde. Am Schluß eines jeden Temperintervalls wurde die Heizung abgeschaltet und das flüssige O_2 in den Probenraum gepumpt.

Die Meßergebnisse zeigen die Abbildungen 3 und 4. Abb. 3 zeigt die relative Änderung des spez. Widerstandes $\Delta\varrho/\varrho$ in Abhängigkeit von der Temperatur bei konstanter Temperzeit. In Abb. 4 ist $\Delta\varrho/\varrho$ über der Temperzeit aufgetragen, wobei die Tempertemperatur schrittweise erhöht worden ist. Diese Messungen zeigen, daß die Erholung des hier untersuchten Materials wie vermutet auch stufenweise abläuft.

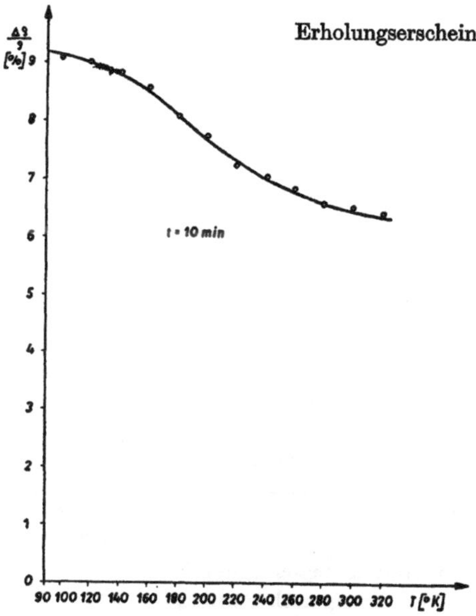

Abb. 3. Relative Widerstandsänderung $\Delta\varrho/\varrho$ in Abhängigkeit von der Temperatur T

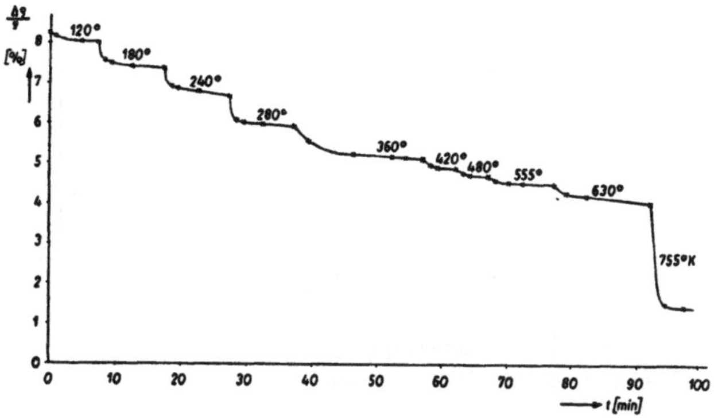

Abb. 4. Relative Widerstandsänderung $\Delta\varrho/\varrho$ in Abhängigkeit von der Temperzeit t bei schrittweiser Erhöhung der Temperatur

Zur Auswertung dieser Messungen wurde ein von PRIMAK [3] angegebenes Verfahren angewandt. Er geht zur Beschreibung der Erholung einer physikalischen Eigenschaft (p) von einer Differentialgleichung der Form

$$-\frac{dp}{dt} = A f e^{-\frac{Q}{\tau}} \left(\frac{p}{f}\right)^n \tag{1}$$

aus, wenn es sich um Prozesse mit nur einer Aktivierungsenergie Q handelt. Für p gilt $p = f \cdot q$, wenn q die Konzentration der Gitterstörungen, die die Änderung der physikalischen Eigenschaften hervorruft, mit der Aktivierungsenergie Q ist. f ist ein dimensionsbehafteter Einflußfaktor, hier etwa der elektrische Widerstand pro Fehlstelle, τ das Produkt aus BOLTZMANN-Konstante und der absoluten Temperatur, n der Grad der ablaufenden Reaktion und A ein Faktor. Liegt eine Verteilung von Gitterstörungen über die Aktivierungsenergien vor, was bei gestörten Metallgittern der hier vorliegenden Art der Fall sein wird, so ist p eine Verteilungsfunktion. Der gemessene Wert der Eigenschaft ist dann

$$P(t) = \int_0^\infty p(Q, t)\, dQ. \tag{2}$$

Hieraus ergibt sich als Näherung ein Aktivierungsenergiespektrum p_0 als Funktion der Meßwerte von der Form

$$p_0(Q_0) = -\frac{t}{\tau}\frac{dP}{dt} \tag{3}$$

mit folgender Beziehung für Q_0:

$$Q_0 = \tau \ln Bt, \quad \text{wenn} \quad B = A\left(\frac{f}{p_0}\right)^{1-n} \text{ ist.} \tag{4}$$

p_0 gibt also den zur Zeit $t = 0$ vorhandenen Beitrag der Gitterstörungen mit der Aktivierungsenergie Q_0 und ist hiernach aus dem Verlauf der Erholungskurve zu ermitteln.

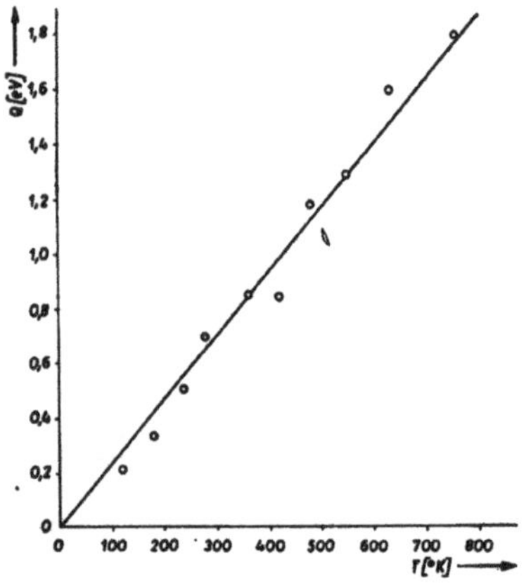

Abb. 5. Aktivierungsenergie Q in Abhängigkeit von der Temperatur T

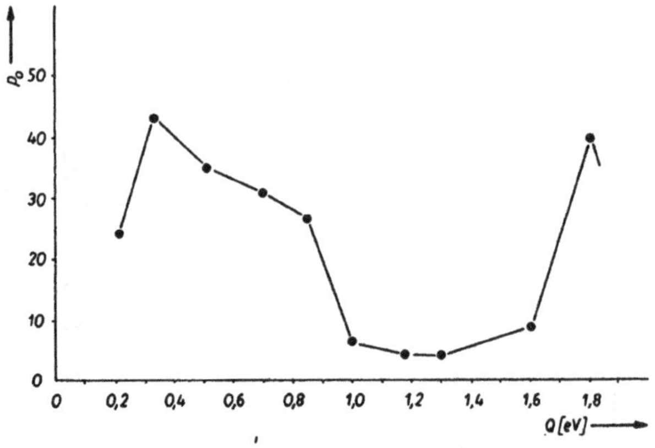

Abb. 6. Aktivierungsenergiespektrum (Auswertung nach Primak)

Nimmt man Erholungsmessungen vor, wie sie in Abb. 4 gezeigt sind, so gilt am Schnittpunkt zweier Kurvenäste bei der Annahme, daß für jeden eine diskrete Aktivierungsenergie vorliegt,

$$Q = \frac{\tau_1 \cdot \tau_2}{\tau_1 - \tau_2} \ln \frac{\left(\frac{d\,p}{d\,t}\right)_1}{\left(\frac{d\,p}{d\,t}\right)_2}, \tag{5}$$

wenn Q die dem ersten Erholungsprozeß zukommende Aktivierungsenergie ist.

Die aus den Ergebnissen in Abb. 4 nach der letzten Gleichung berechneten Werte für Q sind in Abb. 5 eingetragen. Es zeigt sich hier eine Übereinstimmung mit der Gleichung (4). Berechnet man ebenfalls aus Abb. 4 die Werte für p_0 (Gl. (3)) und trägt sie über Q auf, so ergibt sich ein Aktivierungsenergiespektrum, wie es Abb. 6 zeigt. Das deutliche Maximum zwischen 0,3 und 0,9 eV entspricht hier wahrscheinlich den Erholungsstufen II und III, wie sie v. Bueren beschrieben hat. Daß die beiden zu erwartenden Maxima hier verschmiert sind, liegt vielleicht an der groben Temperaturabstufung in diesem Bereich und rührt vermutlich auch von den Verunreinigungen des Materials her. Neuere aus der Literatur bekannte Erholungsuntersuchungen an abgeschrecktem, schwach legiertem Aluminium zeigen qualitativ eine Verschiebung der Erholungsstufen zu höheren Temperaturen. Die vorhandenen Fremdatome im Metall haben sicher einen beträchtlichen Einfluß auf das Erholungsverhalten.

Erstaunlich ist das Fehlen eines Maximums bei 1,2 eV. Hier soll die oben angedeutete Leerstellendiffusion ablaufen. Erst bei 1,6 eV zeigt sich ein erneutes Ansteigen der Kurve. Die Proben zeigten nach dieser Erholung jedoch bereits eine fortgeschrittene Rekristallisation. Für die bisher bekannte Aktivierungsenerige der Leerstellendiffusion ist der Wert von 1,6 eV aber zu groß und für die der Selbstdiffusion noch zu klein. Auch für diesen Bereich ist anzunehmen, daß zwei Erholungsstufen ineinanderlaufen oder sich gar vollkommen überdecken, das wieder den Fremdatomen zugeschrieben werden mag. Es bleibt durch weitere Messungen zu klären, wie die Erholung sehr schwach legierter Metalle abläuft.

Herrn Prof. Dr. F. X. Eder sei an dieser Stelle für die Förderung dieser Untersuchungen gedankt.

Literatur

[1] v. Bueren, H. G., Z. Metallk. **46** (1955) 272.
[2] Handbuch Phys. **7** (1955) 1.
[3] Primak, W., Phys. Rev. **100** (1955) 1677.

Ein Beitrag zur Deutung von Streckgrenzeneffekten bei der Verformung von kubisch-flächenzentrierten Substitutionsmischkristallen

Von G. Lehmann, Berlin

Bekanntlich zeigen Substitutionsmischkristalle von kubisch-flächenzentrierten Legierungen nach einer bestimmten Temperungsvorbehandlung beim Dehnungsversuch ausgeprägte Streckgrenzeneffekte, wie sie auch von uns an einer AlMg-Legierung beobachtet werden konnten. Eine Zwillingsbildung zur Erklärung der hohen, momentanen Abgleitbeträge ist nach metallographischen Beobachtungen auszuschließen, was für kubisch-flächenzentrierte Legierungen im Raumtemperaturbereich versetzungstheoretisch auch zu erwarten ist. Demnach kann das Auftreten von großen Abgleitbeträgen nur durch einen Legierungseffekt (Seeger, Handb. d. Physik, Bd. 7a) gedeutet werden.

Diese Auffassung steht auch in Einklang mit den elektronenmikroskopisch beobachteten Oberflächenerscheinungen verformter Einkristalle von kubisch-flächenzentrierten Legierungen. Hier zeigen die Aufnahmen von Oberflächenabdrucken verformter Einkristalle deutlich ein stark inhomogenes Gleiten, d. h. der Gleitprozeß beschränkt sich auf nur eine oder wenige eng benachbarte, atomare Gleitebenen, was zur Ausbildung sehr hoher Gleitstufen (bei α-Ms nach Wilsdorf und Fourie [1] bis zu 10000 Å) führt, während für Einkristalle reiner kubisch-flächenzentrierter Metalle das homogene Gleiten typisch ist, wo eine große Anzahl benachbarter Gleitebenen mit nur geringen Gleitbeträgen wirksam ist. Daß die großen Gleitbeträge offensichtlich auf einen Legierungseffekt, d. h. auf eine Wechselwirkung zwischen den in Lösung befindlichen Substitutionsfremdatomen und den Versetzungen, zurückzuführen sind, wird durch die elektronenmikroskopischen Beobachtungen von Taoka und Sakata [2] an der Legierung Cu_3Au belegt. Danach tritt bei der Verformung eines Einkristalles im nichtgeordneten Zustand eine typische inhomogene Gleitung auf, während der geordnete Einkristall ein über weite Oberflächenteile homogenes Gleiten zeigt.

Es erhebt sich nun die Frage, wie man sich den Gleitmechanismus vorzustellen hat, der in seiner Wirkung nur auf eine oder wenige eng benachbarte Gleitebenen beschränkt in Substitutionsmischkristallen mit dispers verteilten Fremdatomen zu den beobachteten hohen Gleitbeträgen führt.

Bekanntlich geht der Gleitprozeß in einer kristallographisch ausgezeichneten Gleitebene durch die versetzungserzeugende Wirkung einer in dieser liegenden Frank-Read-Quelle vor sich, wenn auf diese eine z. B. von außen angelegte Schubspannung einwirkt. Die Frank-Read-Quelle beginnt bei der kritischen Schubspannung

$$\tau_{\text{krit}} = \frac{G \cdot b}{L}$$

Versetzungsringe zu produzieren (G Schubmodul; b Burgers-Vektor der Quellversetzung; L Länge der Quellversetzung). Durch eine Rückwirkung der laufend erzeugten und nicht aufgelösten Versetzungsringe wird die in der Gleitebene wirkende Schubspannung am Ort der Quellversetzung nach und nach kleiner, bis sie nicht mehr ausreicht, die Quelle weiterhin zu aktivieren. Dadurch entsteht, obwohl die von außen angelegte Spannung nach wie vor wirkt, nur eine begrenzte Anzahl von Versetzungsringen.

Aus energetischen und geometrischen Betrachtungen der in der Gleitebene existierenden Bedingungen finden FISHER, HART und PRY [3] für die Gesamtzahl der produzierten Ring den Ausdruck

$$N = \exp\left(2\pi^2 \frac{\tau_{\text{rück}}}{\tau_{\text{krit}}}\right). \tag{1}$$

Die Minimalspannung, die gerade noch ausreicht, um die Quelle produktiv zu halten, berechnen sie zu

$$\tau_{\min} = \frac{1}{\sqrt{2}} \tau_{\text{krit}}. \tag{2}$$

Wächst die Rückspannung $\tau_{\text{rück}}$ auf $\tau_{\text{krit}} - \tau_{\min}$ an,

$$\tau_{\text{rück}} = \tau_{\text{krit}} - \tau_{\min}, \tag{3}$$

so werden keine Versetzungsringe mehr abgelöst, und man findet aus (1), (2) und (3) die Ergiebigkeit einer FRANK-READ-Quelle zu ungefähr 300 Versetzungsringen pro Lawine. Das entspricht z. B. für Aluminium einem elementaren Gleitschritt von knapp 1000 Å. Hier muß als Kritik dieser recht rohen Abschätzung bemerkt werden, daß weder die stoffbestimmenden Konstanten G und b noch die das ursprüngliche Versetzungsnetzwerk charakterisierende Größe L in die Rechnung eingehen.

Liegt jedoch ein Substitutionsmischkristall vor, bei dem nach einer geeigneten Wärmebehandlung die Fremdatome an die Versetzungen herandiffundiert sind, so ist in der voranstehenden Abschätzung die COTTRELL-Wechselwirkung zwischen Versetzung und Fremdatomen zu berücksichtigen.

Bei dem folgenden Gedankengang wird von drei Voraussetzungen ausgegangen:

1. Durch Kondensation der in Lösung befindlichen Fremdatome an den FRANK-READ-Quellen wird deren kritische Erregungsspannung um den Betrag τ_{cottr} erhöht, der durch die Wechselwirkung zwischen den Spannungsfeldern von Fremdatom und Stufenanteil der Quellversetzung bedingt ist;

2. die während des Arbeitszyklus der FRANK-READ-Quelle durch die Quellinie laufenden Versetzungen werden vermöge ihrer kinetischen Energie die Nahordnung der dort noch befindlichen „Atmosphäre" von Fremdatomen zunehmend auflösen und somit von ihr nicht wesentlich in ihrer Bewegung behindert werden;

3. die Minimalspannung der ursprünglich blockierten Quelle ist dann wegen Pkt. 2 gleich der einer unblockierten Quelle $\tau_{\min}$.

Folgt man diesen Voraussetzungen, so modifiziert sich der Ausdruck für die Gesamtzahl der pro Lawine produzierten Versetzungsringe zu

$$N_{\text{cottr}} = \exp\left(2\pi^2 \frac{\tau_{\text{rück}}}{\tau_{\text{cottr}} + \tau_{\text{krit}}}\right) = \exp\left(2\pi^2 \frac{\tau_{\text{krit}} + \tau_{\text{cottr}} - \tau_{\min}}{\tau_{\text{krit}} + \tau_{\text{cottr}}}\right),$$

$$N_{\text{cottr}} = \exp\left(2\pi^2 \frac{0{,}29 + \dfrac{\tau_{\text{cottr}}}{\tau_{\text{krit}}}}{1 + \dfrac{\tau_{\text{cottr}}}{\tau_{\text{krit}}}}\right). \tag{4}$$

Zur Berechnung der COTTRELL-Spannung τ_{cottr} geht man von der Wechselwirkungsenergie einer um x Einheiten in der Gleitebene in Richtung ihres BURGERS-Vektors verschobenen Stufenversetzung und einem im Ursprung befindlichen Fremdatom aus.

Diese berechnet sich zu

$$E(x) = -A \frac{r_0}{x_2 + r_0^2},$$

wobei r_0 der als Integrationskonstante sich ergebende Minimalabstand des Fremdatoms von der Versetzungslinie ist. Die Rückstellkraft pro Atomebene senkrecht zur Versetzungslinie ist dann

$$\frac{dE}{dx} = K(x) = \frac{2 A r_0 x}{(x^2 + r_0^2)^2}.$$

Diese besitzt bei $x = r_0/\sqrt{3}$ ein Maximum, so daß

$$K_{\max} = 0{,}65 \cdot \frac{A}{r_0^2}$$

ist.

Bezeichnet man mit a den Abstand der Atomebene längs der Versetzung und ist b ihr BURGERS-Vektor, so ergibt sich für die Mindestspannung zur Ablösung der Versetzung aus ihrer Atmosphäre von Fremdatomen

$$\tau_{\text{cottr}} = m \cdot 0{,}65 \cdot \frac{A}{r_0^2\, a \cdot b},$$

wobei m noch die Besetzungsdichte der Versetzung mit Fremdatomen berücksichtigt.

Für die Legierung AlMg 1 nimmt τ_{cottr} Werte von ca. 10^{-11} dyn/cm² an, wenn man $m = 0{,}5$ setzt.

Bei der Abschätzung der eigentlichen Erregungsspannung τ_{krit} zeigt es sich, daß die Quellänge L sehr kritisch in die Berechnung eingeht. Nimmt man unter Berücksichtigung dessen, daß bei Mischkristallen wegen des indirekten Legierungseinflusses nach SEEGER die Quellänge stets kleiner sein muß als bei reinen Metallen, ein L zu 10^{-6} cm an, so ergibt sich schließlich ein

$$N_{\text{cottr}} \approx 1500 \text{ Ringe/Lawine}.$$

Abschätzungen für andere Legierungen liefern Werte, die im allgemeinen zu einem N_{cottr}/N von 5 bis 10 führen. Damit lassen sich die elektronenmikroskopisch beobachteten hohen Abgleitbeträge von 10000 Å quantitativ erklären.

Literatur

[1] WILSDORF, H., FOURIE, J., Acta Met. 4 (1956) 271.
[2] TAOKA, T., SAKATA, S., Acta Met. 5 (1957) 61.
[3] FISHER, J., HART, E., PRY, R., Phys. Rev. 87 (1952) 958.

Dämpfungsuntersuchungen bei niedrigen Frequenzen

Von P. Täubert, Berlin

Im Verlauf der Entwicklung metallphysikalischer Meßmethoden zeigt sich die Tendenz, solche Meßverfahren anzuwenden, die nicht nur einen Meßwert liefern, sondern deren Ergebnis ein Spektrum ist. Auf diese Weise ist es möglich, verschiedene Ursachen, deren Wirkung ähnlich ist, voneinander zu trennen und einzeln zu untersuchen.

Wenn man, um ein Beispiel zu nennen, den elektrischen Widerstand einer Probe als Funktion der Vorbehandlung mißt, so stellt man zuvor fest, daß eine Behandlung, die die Fehlordnung erhöht, noch einen größeren Widerstand ergibt. Es ist jedoch schwierig, vom Widerstand auf die Art der Fehlordnung zu schließen.

Die Verhältnisse werden übersichtlicher, wenn man Erholungsmessungen durchführt, indem man z. B. das Material bei ansteigender Temperatur tempert und den jeweiligen elektrischen Widerstand mißt. Bei geeigneter Versuchsdurchführung und Auswertung erhält man auf diese Weise ein Spektrum von Aktivierungsenergien für die Erholung. Die einzelnen Maxima dieses Spektrums kann man dann der Ausheilung bestimmter Fehlstellenarten zuschreiben.

Eine ähnliche Tendenz besteht bei der Messung der mechanischen Eigenschaften. Die Untersuchung der mechanischen Dämpfung liefert ein spektrumartiges Diagramm, wenn man die Dämpfungskonstante als Funktion der Frequenz aufträgt. Wie schon Zener gezeigt hat, lassen sich die verschiedenen Maxima (peaks) verschiedenen Ursachen für die Dämpfung zuordnen. Bei der Untersuchung muß dann für jede Dämpfungsursache die jeweils adäquate Frequenz verwendet werden. Naturgemäß werden solche Untersuchungen bevorzugt, deren Meßfrequenz in einem leicht darstellbaren Gebiet liegt. Es existieren daher viele Messungen im Hertz-Bereich (KÊ-Pendel) und im Kilohertz-Bereich, wo die Schwingungen als Eigenschwingung der Proben leicht erzeugbar sind.

Wir haben es uns zur Aufgabe gemacht, den Meßbereich zu kleineren Frequenzen hin (bis 10^{-4} Hertz) zu erweitern.

Zur Messung wurde die Probe als Aufhängung in einem Galvanometer verwendet. Der sinusförmige Strom, der in einem mechanisch arbeitenden Sinusgenerator erzeugt wurde, bewirkte eine Tordierung der Probe, die elektrisch aufgezeichnet wurde. Da die Eigenfrequenz der Meßeinrichtung viel höher ist, als die Anregungsfrequenz war, konnte die Phasenverschiebung zwischen Auslenkung und Anregung direkt als Maß für die Dämpfung gewonnen werden. Gemessen wurde zunächst die bekannte Snoeck-Dämpfung im Hertz-Bereich, um die Apparatur zu prüfen.

Weiter wurde eine Al-Mg 1-Legierung untersucht. Die Probe wurde nach einer Glühbehandlung abgeschreckt. Im Meßbereich wurden bei 44 °C zwei Dämpfungsmaxima (bei $\sim$ 1 Hz und bei 0,05 Hz) festgestellt (vgl. Abb. 1). Während sich das erste Maximum auch bei längerer Auslagerung nicht veränderte, wurde das zweite (0,05 Hz) im Verlauf von 8 Tagen ausgeprägter. Besonders bemerkenswert ist jedoch eine Frequenzverschiebung zu niedrigeren Frequenzen. Diese Erscheinung, die reproduzierbar ist, ist auch vom experimentellen Standpunkt aus von Interesse.

Hätte man die Messung bei einer festen Frequenz (z. B. ∼ 0,07 Hz) durchgeführt, so hätte man im Verlauf der Auslagerung eine Abnahme der Dämpfung festgestellt. Bei ∼ 0,03 Hz dagegen ergäbe sich eine Zunahme.

Aus dieser Erkenntnis ergibt sich die Notwendigkeit, bei Dämpfungsuntersuchungen nach Möglichkeit mit variabler Meßfrequenz zu arbeiten. Ein Ersatz der variablen Frequenz durch Temperaturvariation ist zwar vielfach möglich, es treten jedoch gelegentlich andere Komplikationen auf. Zur Bestimmung der Aktivierungsenergie des Prozesses sind ohnehin Temperatur- und Frequenzänderungen notwendig.

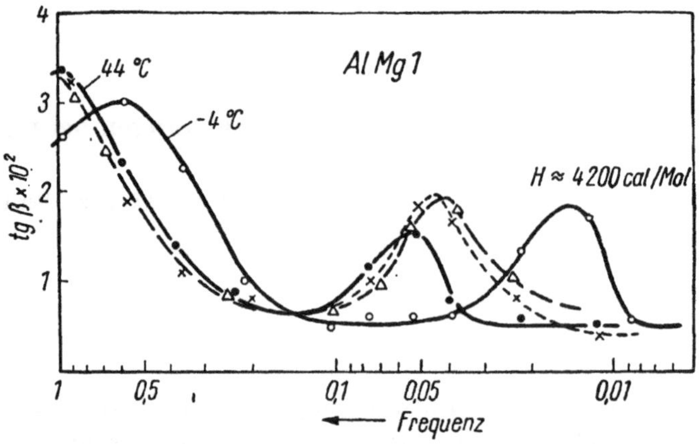

Abb. 1. Innere Dämpfung von Al Mg 1 als Funktion der Frequenz
Wärmebehandlung: 15 Min. 300 °C/abgeschreckt
Meßtemperatur:
● 44 °C Messung 1 Std. nach Glühung
○ 4 °C Messung 4 Std. nach Glühung
× 44 °C Messung 8 Tage nach Glühung
△ 44 °C Messung 16 Tage nach Glühung

Mit der erreichten Grenzfrequenz von 10^{-4} Hz dürfte die praktische Grenze erreicht sein. Hier beträgt die Schwingungsdauer bereits mehrere Stunden. Auf der Suche nach einer Erweiterung nach noch tieferen Frequenzen sollte man prinzipiell andere Meßordnungen treffen. Hier schien uns zunächst die Auswertung von Kriechversuchen aussichtsreich. Es besteht nämlich ein exakter mathematischer Zusammenhang zwischen dem Dämpfungsspektrum und der Kriechkurve. Es ist hierbei selbstverständlich, daß die Belastung nur so hoch gewählt wird, daß irreversible Verformung mit Sicherheit vermieden wird. In diesem Gebiet, wo das Superpositionsgesetz gilt, stellt die Fourier-Transformierte der Kriechkurve das Dämpfungsspektrum dar. Die praktische Auswertung dieses Verfahrens scheiterte jedoch an der zu geringen Meßgenauigkeit. Bei den zu verwendeten geringen Dehnungen wurde die elastische Kriechkurve von Störungen überlagert, die eine reproduzierbare Auswertung nicht gestatteten. Es soll jedoch versucht werden, diese Schwierigkeit zu überwinden.

Martensitumwandlung bei tiefen Temperaturen

Von H. R. Bachmann, Berlin

Die Untersuchungen, die zu diesem Thema in unserem Institut durchgeführt werden, gehen auf eine Anregung aus der volkseigenen Industrie zurück, die martensitische Umwandlung des Restaustenits nicht nur in bekannter Weise zu einer Erhöhung der Härte und der Verschleißfestigkeit anzuwenden, sondern auch die dabei auftretende bleibende Volumenvergrößerung zur Regenerierung von auf Untermaß abgenutzten Lehren und Werkzeugen auszunutzen. Bisher wurde dieser seit langer Zeit bekannte Volumeneffekt, über den auch in der Literatur nur wenig zu finden ist, eher als eine störende Beigabe zur Härtung betrachtet.

Bekanntlich tritt beim Übergang von reinem Eisen aus dem γ- in das α-Gitter eine Volumenvergrößerung auf. Bei der Martensitbildung in Stahl kommt es infolge der tetragonalen Verspannung des Gitters durch den eingelagerten Kohlenstoff noch zu einer weiteren, vom Kohlenstoffgehalt abhängigen Erhöhung des spezifischen Volumens. Die quantitativen Angaben in der Literatur über diesen Effekt sind nicht einheitlich, was wohl in erster Linie mit den vor allem beim Austenit erforderlichen Extrapolationen zusammenhängt (Messungen können entweder an reinem Eisen bei hohen Temperaturen oder bei Zimmertemperatur an hochlegiertem Eisen durchgeführt werden). Geht man von dem Wert für reines α-Eisen mit einem spezifischen Volumen von 0,127 cm^3/g aus, so findet man einerseits für reines γ-Eisen etwa 0,121 cm^3/g und für Austenit mit 1,6% C etwa 0,123 cm^3/g, andererseits für Martensit mit wieder 1,6% C ungefähr 0,133 cm^3/g. Man kommt so für einen mittleren Kohlenstoffgehalt auf etwa 0,6‰ Volumenvergrößerung des Stahles auf je 1% durch Tiefkühlung umgewandelten Restaustenits.

Der Prozentsatz an Restaustenit, der sich bei der Tiefkühlung in Martensit umwandelt, hängt nun von einer Reihe von Faktoren ab:

1. Vom Gehalt des Stahles an Restaustenit nach der primären Härtung, der seinerseits von der Zusammensetzung des Stahles (Kohlenstoffgehalt und Legierungselemente) und von der gesamten Wärmebehandlung abhängt.
2. Von der sogenannten Stabilisierung dieses Restaustenits, die darüber entscheidet, welcher Anteil des Restaustenits noch durch Tiefkühlung umwandlungsfähig ist, und die ihrerseits in einer noch weitgehend ungeklärten Weise von der gesamten thermischen Vorgeschichte des Materials und wahrscheinlich auch wieder von der Zusammensetzung des Stahls abhängt.
3. Von der Tieftemperaturbehandlung, also von der bei der Tiefkühlung erreichten Temperatur, von der Abkühlungsgeschwindigkeit und von der Dauer der Auslagerung bei tiefer Temperatur.

Im allgemeinen wird es sich um eine Umwandlung von größenordnungsmäßig 10% Restaustenit in Martensit handeln, also um etwa 6‰ Volumenzunahme, was einer Vergrößerung der Längenausdehnungen der Probe um ungefähr 2‰ entspricht.

Diese Literaturangaben werden durch unsere eigenen Messungen recht gut bestätigt:

Abb. 1 zeigt die Durchmesserzunahme von Proben aus dem schwach legierten Werkzeugstahl 90 MnV 8, einem Stahl, der auch vielfach zur Herstellung von Lehren verwendet wird. Die Proben waren 10 mm dicke Ringe mit 50 mm Außen- und 20 mm Innendurchmesser. Man erkennt deutlich den Einfluß der thermischen Vorgeschichte, die Meßwerte für die beiden

Härtungschargen liegen um mehr als die Streuung getrennt. Die Härtungen wurden in einem Industriebetrieb durchgeführt; Unterschiede im Härteverfahren waren dabei nicht beabsichtigt, sondern ergaben sich lediglich aus den Zufälligkeiten des Härtereibetriebes.

Auch der Temperatureinfluß ist gut zu sehen: Bis etwa —100 °C nimmt die Durchmesservergrößerung mit der sinkenden Temperatur zu, bei tieferen Temperaturen bleibt sie konstant. Aus in der Literatur beschriebenen magnetischen Messungen geht hervor, daß es für jeden Stahl eine bestimmte Tieftemperatur gibt, bei der die Martensitumwandlung mit der höchsten Geschwindigkeit abläuft. Plausibel ist ein solches Maximum aus dem Widerspiel einerseits der mit sinkender Temperatur größer werdenden Differenz der inneren Energien von Martensit und Austenit und andererseits dem allmählichen „Einfrieren" aller physikalischen Vorgänge bei tiefsten Temperaturen. Die Umwandlungsgeschwindigkeit ist nun bei diesem Maximum so groß, daß bei der Abkühlung auf tiefere Temperaturen während des Durchlaufens der Optimaltemperatur praktisch die gesamte Umwandlung bereits abläuft, so daß bei tieferer Abkühlung nichts Wesentliches mehr erfolgt. Hier hat diese Optimaltemperatur offensichtlich etwa bei —100 °C gelegen.

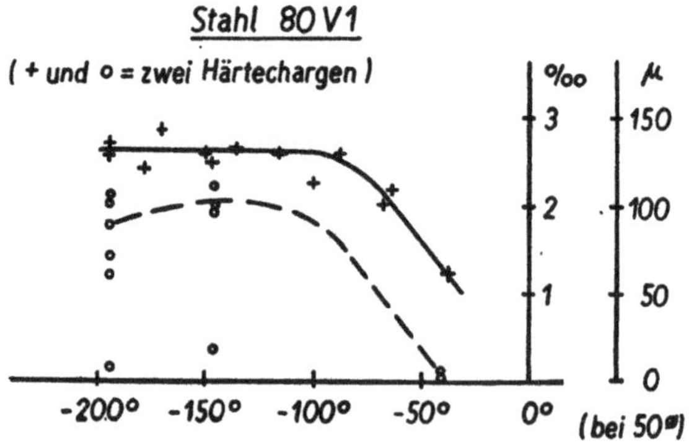

Abb. 1. Durchmesserzunahme durch Tiefkühlung (bei 50 ⌀)

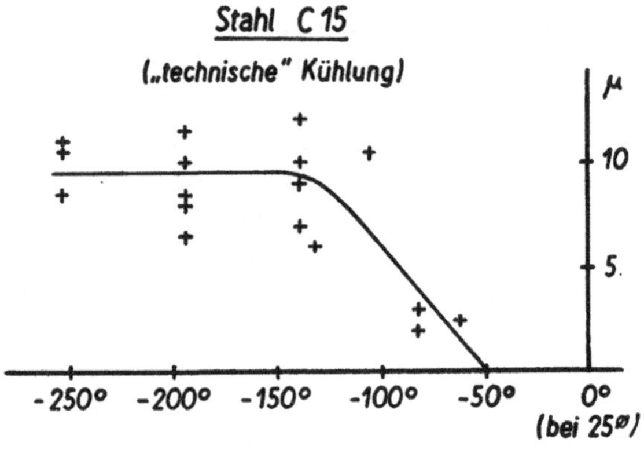

Abb. 2. Durchmesserzunahme durch Tiefkühlung (bei 25 ⌀, 1 mm Einsatz)

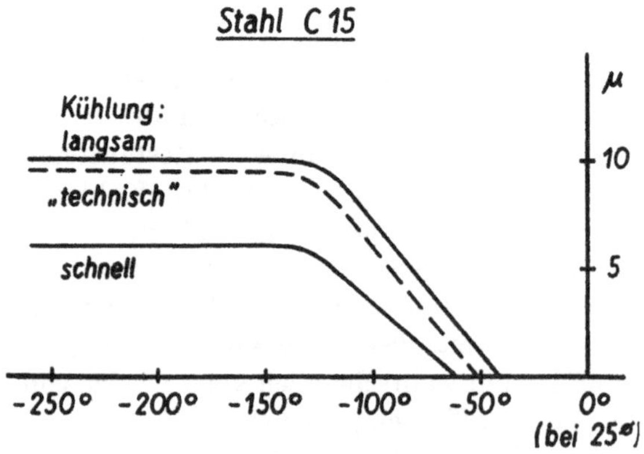

Abb. 3. Durchmesserzunahme durch Tiefkühlung (bei 25 ⌀, 1 mm Einsatz)

Daß diese Optimaltemperatur nicht für alle Stähle gleich ist, zeigt Abb. 2, wo der Knick in der Kurve ungefähr bei —140 °C auftritt. Hier handelt es sich um den Einsatzstahl C 15, der neben seinen üblichen Maschinenbauaufgaben auch vielfach für Lehren und ähnliches verwendet wird. Unsere Proben waren hier serienmäßige Einstellringe mit 4 mm Dicke, 25 mm Außen- und 9 mm Innendurchmesser. Längs eines Durchmessers trifft man bei diesem Einsatzmaterial also 4 mal auf die je etwa 1 mm dicke aufgekohlte Schicht, in der allein der Kohlenstoffgehalt hoch genug ist, um eine Martensitbildung zu erlauben. Auf diese 4 mm aufgekohlten Stahl bezogen, entsprechen die beobachteten Vergrößerungen von etwa 10 μm wieder ungefähr 2,5‰.

Abb. 3 schließlich zeigt für die gleichen Proben den Einfluß verschiedener Abkühlungsverfahren.

„Schnell" bedeutet: Einlegen in das bereits kalte Tiefkühlbad, nach dem Temperaturausgleich (Ende des Kochens der flüssigen Luft bzw. Ende der Konvektion im Tiefkühlbad, Dauer etwa

$^1/_2$ min) ohne weitere Auslagerung sofort in warmem Wasser wieder auftauen. „Langsam“ bedeutet: Mit dem Kühlbad zusammen langsam abkühlen (Dauer etwa 1 h), mindestens eine Stunde bei tiefer Temperatur auslagern, dann mit dem Kühlbad zusammen langsam wieder auf Zimmertemperatur kommen lassen. „Technisch“ ist ein leicht anwendbares Verfahren mit mittleren Zeiten: Abkühlen durch Einlegen in das kalte Tiefkühlbad, etwa 20 Minuten Auslagerung, dann Auftauen der Proben frei an der Luft liegend.

Der deutliche Unterschied zwischen den drei Behandlungen beweist den Einfluß der Abkühlungsgeschwindigkeit und vor allem der Auslagerungsdauer auf die Menge des neu gebildeten Martensits. Offensichtlich tritt eine isotherme Martensitbildung ein, wie sie nach den modernen Theorien für die martensitische Umwandlung, die von G. W. Kurdjumow und seinen Schülern entwickelt wurden, auch zu erwarten ist. Die Temperatur für die maximale Umwandlungsgeschwindigkeit — der Knick in den Kurven — bleibt dagegen in erster Näherung konstant.

Züchtung von Metallwhiskern

Von H. Ahr, Berlin

Es wird über einige Versuche berichtet, die zur Züchtung von Metallwhiskern durchgeführt wurden.

Whisker sind bekanntlich kleine, haarförmige Kristalle, die ein fast fehlerfreies Raumgitter besitzen. Man nimmt an, daß sie nur eine Versetzung haben, deren Burgers-Vektor eine Komponente senkrecht zur Wachstumsebene besitzt. Dadurch haben sie extrem hohe physikalische Eigenschaften, die fast der theoretischen Festigkeit entsprechen.

Bisher hat man zur Herstellung von Metallwhiskern verschiedene Verfahren entwickelt:

1. Aus der Dampfphase,
2. durch Reduktion von Halogensalzen mittels Wasserstoff,
3. aus dem festen Metall,
4. durch elektrolytisches Ausscheiden,
5. durch Erwärmen der Metalle an Luft.

Zu 1.: Sears [1] züchtete erstmalig Quecksilberwhisker aus der Dampfphase und Coleman und Sears [2] solche aus Zink.

Zu 2.: Von A. W. Cochardt und H. Wiedersich [3] und Brenner [4] wurden Whisker der verschiedensten Metalle durch Reduktion ihrer Halogensalze im Wasserstoffstrom erhalten. Cochardt und Wiedersich züchteten Eisenwhisker und Brenner solche aus Eisen, Kupfer, Silber, Nickel, Cobalt, Platin und Gold. Brenner wurde zu seinen Versuchen durch Arbeiten von Sears, Gatti und Fullman [5] und Everett und Amick [6] angeregt.

Sears, Gatti und Fullman hatten die mechanischen Eigenschaften der Eisenwhisker näher untersucht und eine sehr hohe Biegesteifigkeit festgestellt. Elastische Biegedehnungen bis zu 1,4% wurden von ihnen gefunden. Brenner hat hauptsächlich die Wachstumsformen und Eigenschaften der Kupferwhisker näher untersucht. Er nimmt an, daß die Übersättigung des Metalldampfes während des Whiskerwachstums extrem groß ist. Die Whisker wachsen in sehr verschiedener Größe und weisen unterschiedliche Formen auf. Nur die Whisker, die gerade gewachsen sind und durch glatte Ebenen begrenzt werden, sind fast fehlerfrei. Diese haben die größte Festigkeit. Whisker, die größer sind als 8 μ, sind selten fehlerfrei.

Brenner und Sears [7] beschreiben den Wachstumsmechanismus der Whisker, die aus der Dampfphase wachsen, und kommen zu dem Schluß, daß eine notwendige Bedingung dabei das Vorhandensein einer Wasserstoffatmosphäre ist, die ihrerseits einen gerichteten Materialtransport durch Diffusion möglich macht. Die große Wärmeleitfähigkeit des Wasserstoffs begünstigt darüber hinaus diesen Wachstumsmechanismus.

Brenner beschreibt außerdem, daß die Whisker, die durch Reduktion von Halogeniden gewonnen wurden, von Kupferkristallen auswuchsen, die sich zuerst an der Wand des Schiffchens niedergeschlagen hatten, während Sears für die Quecksilberwhisker annahm, daß diese an Schraubenversetzungen weiterwachsen, die aus der Oberfläche des aus Pyrexmasse bestehenden

Plättchens herausragen. Diese Whisker wachsen von der Spitze aus, wie Brenner nachgewiesen hat.

Zu 3.: Durch Compton, Mendizza und Arnold [8] wurde berichtet, daß an zinn- und cadmiumplattierten Eisenblechen, die für Deckel von Telefonanlagen Verwendung fanden, nach einigen Monaten härchenartige Auswachsungen aufgetreten waren, die zu Störungen in den elektrischen Anlagen führten. Diese als Whisker bezeichneten Härchen hatten besondere Eigenschaften, wie sie an Zinneinkristallen und an polykristallinem Zinn bisher nicht beobachtet wurden. Herring und Galt [9] berichteten, daß derartige Zinnwhisker eine Kriechgeschwindigkeit besitzen, die viel niedriger liegt als die vom Zinn, und daß sie mehr als 2% gedehnt werden können, ohne eine plastische Verformung zu erleiden.

Fisher, Darken und Caroll [10] haben Zinnwhisker systematisch gezüchtet, indem sie zuerst elektrolytisch verzinnte Bleche mit einer 2,5 μ dicken Zinnschicht, wie sie für Konservendosen Verwendung finden, in einen normalen metallographischen Schliffhalter spannten und die Bleche dadurch einem gewissen, wenn auch nicht genau bestimmbaren Druck aussetzten. Sie schliffen und polierten diese Bleche in der üblichen Weise und ließen sie dann eingespannt einige Tage liegen. Es entstanden hierbei Whisker, und sie beobachteten, daß diese eine gewisse Inkubationszeit benötigten, bis das Wachstum beginnt, und daß sie dann eine Periode schnellen Wachstums aufweisen, die anschließend in eine solche geringeren Wachstums übergeht.

Es wurde zuerst angenommen, daß auch das Wachstum der Zinnwhisker von der Spitze ausgeht. Peach [11] nahm an, daß hierbei Zinnatome entlang einer Schraubenversetzung, die der Whiskerachse entspricht, transportiert werden. Koonce und Arnold [12] stellten jedoch fest, daß das Wachstum der Zinnwhisker von der Basis ausgeht, und dieses Ergebnis wurde von Fisher, Darken und Caroll bestätigt.

Abb. 1. Zinnwhisker, 500:1

Abb. 2. Zinnwhisker, 500:1

F. C. Frank [13] hat einen Wachstumsmechanismus für Zinnwhisker beschrieben und bemerkt hierzu in der Zusammenfassung seiner Arbeit: „Das Wachstum von Zinnwhiskern wird erklärt als ein Prozeß, in welchem die Oxydation der Whiskeroberfläche eine Spannung entwickelt, die einen kontinuierlichen Faden von Metall aus der Hauptmasse heraustreibt. Ein Mechanismus wird durch eine Versetzung in der Hauptmasse geliefert, welche ununterbrochen um den Fuß des Whiskers herumwandert. Es folgt dann, daß die Whiskerachse zum Burgers-Vektor der Versetzung, d. h. einer Gleitrichtung in dem Kristall, parallel sein sollte. Alles was nötig ist, den Vorgang zu starten, ist eine oxydierende oder andere reagierende Atmosphäre, eine kleine Erhöhung auf der Oberfläche und eine Versetzung. Die Größenordnung der Wachstumsgeschwindigkeit kann zufriedenstellend erklärt werden.“

Fisher, Darken und Caroll haben dann außer der Untersuchung von Blechen in einer metallographischen Klammer noch

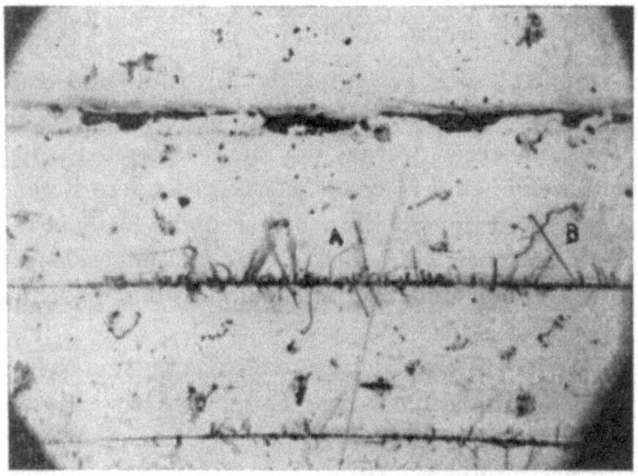

Abb. 3. Zinnwhisker nach 2 Tagen, 100:1

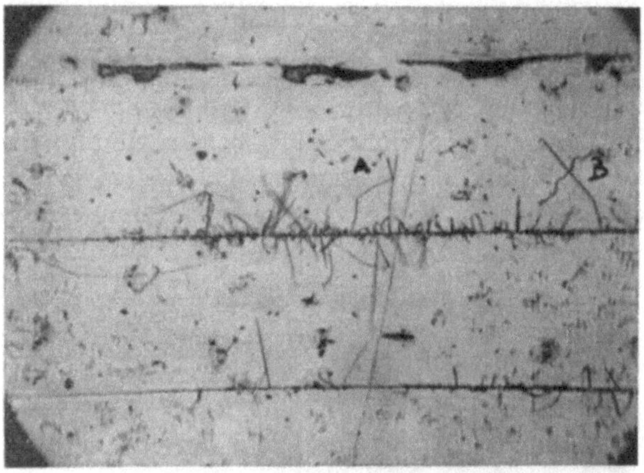

Abb. 4. Zinnwhisker nach 3 Tagen, 100:1

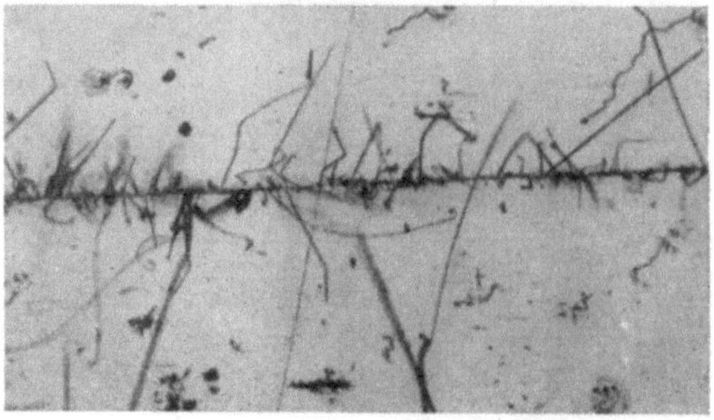

Abb. 5. Zinnwhisker nach 27 Tagen, 150:1

Versuche unternommen, die Wachstumsgeschwindigkeit der Whisker durch Anwendung verschieden starken Druckes zu verändern. Sie führten die Versuche in einer Ringklammer durch, die einen genau bestimmbaren Druck gestattete. Sie fanden hierbei, daß in der Periode des schnellsten Wachstums die Geschwindigkeit dem angewandten Druck fast proportional ist. Sie entspricht hierbei einer Energietönung der freien Energie von $^1/_{10}$ Joule pro Grammatom Zinn. Auf diese Weise konnten sie die Wachstumsgeschwindigkeit um das 10000fache steigern.

Zu 4.: Durch elektrolytisches Abscheiden haben Price, Vermilyea und Webb [14] Silberwhisker gewonnen und näher untersucht.

Zu 5.: S. M. Arnold und S. E. Koonce [15] haben mikroskopisch kleine Härchen beim Erwärmen der verschiedensten Metalle einschließlich der Edelmetalle elektronenmikroskopisch beobachtet, aber nicht näher untersucht.

Eigene Versuche

Von uns wurden zunächst Zinnwhisker aus dem festen Metall und anschließend Kupfer-, Silber- und Eisenwhisker durch Reduktion von ihren Halogensalzen im Wasserstoffstrom gezüchtet.

Zu den ersten Versuchen wurde Reinzinn zu Plättchen vergossen, die dann flach gehämmert und bei Raumtemperatur zur Rekristallisation einige Tage gelagert wurden. Die so erhaltenen flachen Scheibchen wurden in einem metallographischen Schliffhalter mit Zwischenlagen gespannt. Die Plättchen wurden durch das Zusammenschrauben des Schliffhalters plastisch verformt, wölbten sich aus dem Halter heraus und rissen stellenweise auf. In diesen Rissen fanden sich kleine Whisker, die nur bei höherer Vergrößerung deutlich zu erkennen waren (Abb. 1 und 2).

Daraufhin wurde verzinntes Weißblech von Konservendosen in einen Schliffhalter gespannt, normal geschliffen und poliert und bei Raumtemperatur gelagert. Nach 2 Tagen wurden die ersten Whisker beobachtet. Sie waren größer als die vom ersten Versuch und hoben sich deutlich von dem polierten Querschnitt des verzinnten Bleches ab. Sie entstanden zunächst nur an einzelnen bevorzugten Stellen (Abb. 3). Abb. 4 zeigt die gleiche Stelle nach 3 Tagen. Wie man sieht, sind die beiden Whisker *A* und *B* (vgl. Abb. 3) länger geworden, und ihre Knicke haben sich weiter vom Untergrund entfernt, sie sind also an der Basis gewachsen.

Abb. 5 zeigt die gleiche Stelle nach 27 Tagen; wie ersichtlich, sind noch zahlreiche Whisker inzwischen entstanden. Die Ergebnisse von Fisher, Darken und Caroll haben sich also bestätigt.

Auffällig ist, daß nur sehr wenige gerade gewachsene Whisker gefunden wurden. Viele sind geknickt. Nach Untersuchung der genannten Autoren sind die einzelnen geraden Abschnitte der geknickten Whisker Einkristalle.

Die Whisker aus den Halogeniden wurden nach den sehr genauen Angaben von Brenner [4] gezüchtet. Zunächst wurde mit der Züchtung von Kupferwhiskern begonnen.

Es wurde ein Röhrenofen mit einem Quarzrohr verwendet, das an einer Seite ca. 40 cm aus dem Ofen herausragte; dieser Teil wurde als Kühlungskammer benutzt. Das Rohr wurde mit einem Porzellanschiffchen beschickt, das mit Kupferjodür gefüllt war und sich in dem Kühlungsraum befand. Die Apparatur wurde geschlossen, Wasserstoff hindurchgeleitet und nach Entfernung des Sauerstoffs der Ofen angeheizt, dann bei Erreichung von 650 °C das Schiffchen mittels eines Magneten in den Ofen befördert und dort 1 bis 2 Stunden gelassen. Anschließend wurde das Schiffchen wieder in die Kühlkammer gezogen und unter weiterer Wasserstoffzufuhr auf Raumtemperatur abgekühlt.

Die Wände des Schiffchens waren mit oktaedrischen bzw. dreieckigen Kupferkristallen bedeckt. Auf diesen Plättchen waren zahlreiche, z. T. mit dem unbewaffneten Auge erkennbare Whisker entstanden. Abb. 6 zeigt das Ende des Schiffchens mit zahlreichen Whiskern. Sie sind nicht alle erkennbar, weil sie in verschiedenen Ebenen liegen. Abb. 7 zeigt einige Whisker bei 50facher Vergrößerung. Sie sind meist gerade gestreckt, bestehen aber zum Teil aus mehreren geraden Teilen, die gegeneinander abgeknickt sind. Einige der Härchen sind spiralförmig mit glatten Zwischenflächen gewachsen (Abb. 8). Der Querschnitt der Whisker ist z. T. genau quadratisch (Abb. 9 und 10). In der Mehrzahl haben sie rechteckige bzw. trapezförmige Querschnitte, je

Abb. 6. Kupferwhisker am Ende des Schiffchens, 5:1

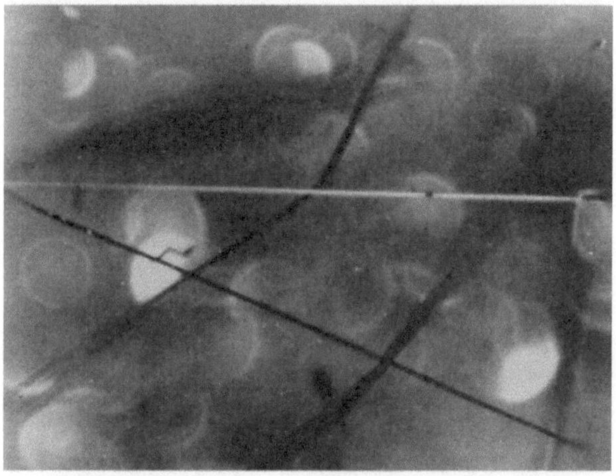

Abb. 7. Kupferwhisker z. T. gerade gewachsen, z. T. abgeknickt, 50:1

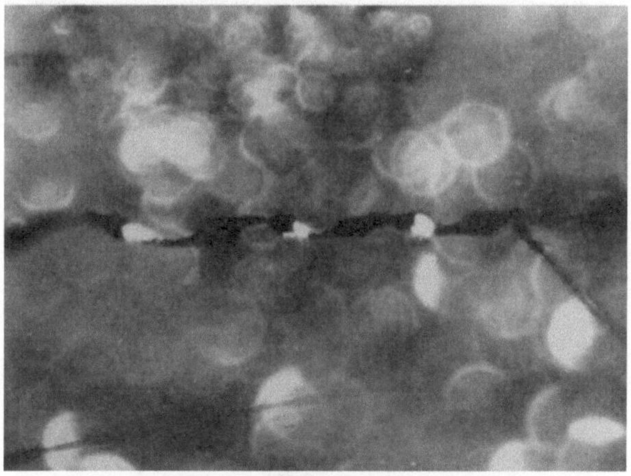

Abb. 8. Kupferwhisker spiralförmig gewachsen, 50:1

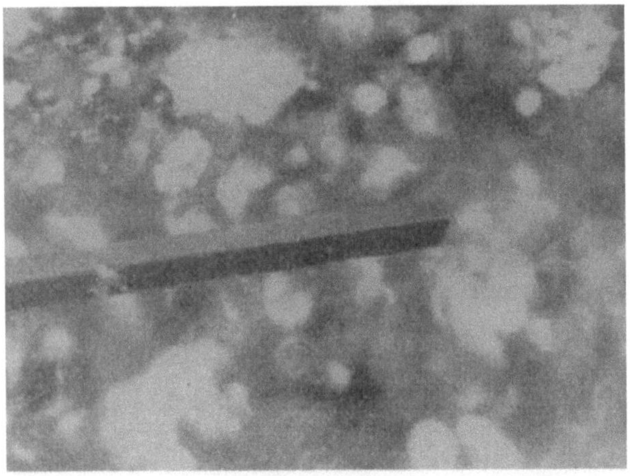

Abb. 9. Kupferwhisker mit quadratischem Querschnitt, 250:1

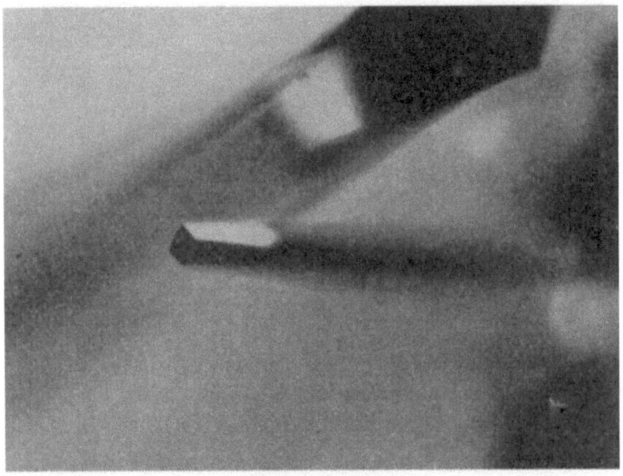

Abb. 10. Kupferwhisker mit quadratischem Querschnitt, 200:1

Abb. 11. Kupferwhisker an der Spitze eines größeren Whiskers gewachsen, 200:1

nachdem von welchen Wachstumsebenen sie begrenzt werden. An der Spitze von einzelnen Whiskern wurden Ansätze für neue gefunden (Abb. 11).

Es wurde außerdem ein Mikromanipulator gebaut, um Festigkeitsuntersuchungen durchzuführen. Für diese Zwecke werden sehr feine Whisker benötigt. Schwierigkeiten bereiten hierbei das verformungsfreie Entfernen des Whiskers von seiner Basis und das Montieren im Manipulator. Eine weitere Schwierigkeit ist die Bestimmung des Querschnitts. Wir betten hierzu die Whisker in Epoxydharz ein und zersägen das erhaltenen Förmchen mit einer kleinen Kreissäge. Anschließend werden die Querschnitte noch poliert. Bisher wurden quadratische, rechteckige und sechseckige Querschnittsformen gefunden.

Die Untersuchungen werden noch fortgesetzt und vor allem noch auf Silber- und Eisenwhisker ausgedehnt.

Literatur

[1] Sears, G. W., Acta Met. **1** (1953) 457.

[2] Coleman, R. V. u. Sears, G. W., Acta Met. **5** (1957) 131.

[3] Cochardt, A. W. u. Wiedersich, H., Naturwiss. **42** (1955) 342.

[4] Brenner, S. S., Acta Met. **4** (1956) 62.

[5] Sears, G. W., Gatti, A. u. Fullman, R. F., Acta Met. **2**, (1954) 727.

[6] Everett E. R. u. Amick, J. A., J. Appl. Phys. **25** (1954) 1204.

[7] Benner, S. S. u. Sears, G. W., Acta Met. **4** (1956) 268.

[8] Compton, K. G., Mendizza, A. u. Arnold, S., Corrosion **7** (1951) 327.

[9] Herring, C. u. Galt, J. K. L, Phys. Rev. **85** (1952) 1060.

[10] Fisher, R. M., Darken, L. S. u. Caroll, K. G., Acta Met. **2** (1954) 370.

[11] Peach, M. O., J. Appl. Phys. **23** (1952) 1401.

[12] Koonce, S. E. u. Arnold, S. M., J. Appl. Phys. **24** (1953) 365.

[13] Frank, F. C., Phil. Mag. **44** (1953) 854.

[14] Price, P. B., Vermilyca, V. A. u. Webb, M. B., Acta Met. **6** (1958) 524.

[15] Arnold, S. M. u. Koonce, S. E., J. Appl. Phys. **27** (1956) 964.

Über die Herstellung von Einkristallen, vorwiegend magnetischer und hochschmelzender Metalle und Legierungen

Von H. Ringpfeil, D. Wiesinger, K. Fischer, Dresden

Einkristalle haben in den letzten Jahren rasch wachsende Bedeutung einerseits für technisch-industrielle Zwecke, andererseits für die Forschung gewonnen. Im Rahmen der dem Forschungsinstitut für metallische Spezialwerkstoffe gestellten Aufgaben galt es, für verschiedenste Forschungsarbeiten Einkristalle herzustellen. Daneben aber gestattet die Einkristallzüchtung wesentliche Einblicke in die Eigenarten metallischer Stoffe zu gewinnen. Über die angewendeten Methoden und erhaltenen Ergebnisse wird berichtet. — Es wurden Einkristalle folgender Metalle und Legierungen hergestellt: Kupfer, Kupfer-Aluminium (bis 6% Al), Nickel, Eisen-Nickel (30% bis 100% Ni), Eisen-Silizium (2,5 bis 4% Si), Eisen-Aluminium (3 bis 16% Al), Al–Ni–Co (8,5 Al, 14% Ni, 24% Co, 3,5% Cu, Rest Fe), Al–Ni–Fe (13% Al, 24% Ni, 3,5% Cu, Rest Fe), Material für Präzisionsfedern (56%Fe, 36% Ni, 8% Cr), Widerstandslegierungen (27% Fe, 60% Ni, 11% Cr, 2% Mn), Supermalloy (79% Ni, 16% Fe, 5% Mo). Bei jedem System gelang es, Einkristalle von 24 mm ⌀ und Längen von 60 bis 140 mm herzustellen.

Verfahren

Die Einkristalle wurden nach dem Bridgman-Verfahren [1], etwas modifiziert von Quimby [2], hergestellt. Die Apparatur ist in den Grundzügen die gleiche, wie sie Stephan [3] beschrieben hat. Die damit gemachten Erfahrungen waren recht befriedigend. Es konnten Temperaturen bis 1700 °C erreicht werden. Eine anfangs aufgetretene, zu schnelle Zerstörung der Heizwicklung wurde durch sehr langsames Hochheizen bei Neuinbetriebnahme, Vermeidung zu hoher Belastungen des Mo-Heizdrahtes beim Anheizen vor jedem Versuch und Achtung auf saubere Ofenatmosphäre stark vermindert. Nach dem Aufheizen des Ofens wurde das eingesetzte Material durch langsames Absenken des Tiegels durch die ganze Ofenlänge mit ihrem Temperaturgefälle in einem Arbeitsgang aufgeschmolzen, überhitzt und „gezogen".

Die Absenkgeschwindigkeit

Langsame Absenkgeschwindigkeiten (also auch Kristallisationsgeschwindigkeiten) waren am günstigsten. Sie betrugen bei unseren Versuchen meist 10 bis 20 mm/Std. Es wurden aber auch Einkristalle bei Geschwindigkeiten von 60 mm/Std. und mehr (z. B. bei FeSi) gewonnen. Bei hohen Absenkgeschwindigkeiten wurden aber häufiger Dendritenwachstum und Neubildung von Kristalliten, die dann meist als Stengelkörner weiterwuchsen, beobachtet. Die Bedingungen sind eingehend untersucht. Tiller und Mitarbeiter [4] fanden für das Auftreten von Dendritenwachstum eine Beziehung zwischen dem Quotienten G/R ($G =$ Temperaturgradient der flüssigen Phase, $R =$ Wachstumsgeschwindigkeit des Kristalles) und der Anfangskonzentration C_0 des gelösten Stoffes in der Schmelze. Rutter und Chalmers [5] zeigten, wie durch „constitutional supercooling“ die Wahrscheinlichkeit einer erneuten Keimbildung vor der Kristallisationsfront wächst: bei zu großen Absenkgeschwindigkeiten kann ein Konzentrationsausgleich der vor der Kristallisationsfront entsprechend dem Zustandsdiagramm sich anreichernden Legierungskomponenten in der Schmelze nicht ausreichend erfolgen, was eine Vergrößerung der unterkühlten Zone vor der Phasengrenzfläche zur Folge hat.

Temperaturgefälle

Während jedes Versuches wurde durch pyrometrische Temperaturmessungen an der Oberfläche der Schmelze und durch thermoelektrische Messungen am Tiegelboden die Temperaturverteilungskurve über die Ofenlänge aufgenommen. Ein steiler Temperaturgradient erwies sich stets als vorteilhaft. Er verkleinert die unterkühlte Zone vor der Phasengrenzfläche und damit die Möglichkeit einer Neubildung von Kristalliten. Weiter begünstigt er einen schnelleren Konzentrationsausgleich in der Schmelze und vermindert auch die Gefahr des Dendritenwachstums (s. o.). Schließlich wird die Reinigungswirkung des Verfahrens durch einen steileren Temperaturgradienten größer, denn mit einer Vergrößerung des Temperaturgefälles verkleinert sich der Verteilungskoeffizient der Verunreinigungen (Schreiber und Schubert [6]), so daß diese sich stärker in einem verhältnismäßig kleinen Bereich am Ende des Kristalles anreichern.

Kühlstück

Wesentlichen Einfluß auf Größe und Richtung des Temperaturgradienten hat das „Kühlstück“, ein an der Spitze des Tiegels angesetzter und mit ihm in gutem Kontakt stehender kompakter Metallstab von etwa 60 mm Länge und ca. 20 mm Durchmesser. Als Material eignete sich Sintermolybdän ausgezeichnet, dagegen war die Wirkung von Sinterkörpern aus Molybdändisilizid infolge der geringeren Wärmeleitfähigkeit wesentlich schlechter. Das Kühlstück sorgt für eine intensive Wärmeabfuhr in der Absenkrichtung und vermindert den unerwünschten Einfluß radialen Wärmeabflusses.

Die Ofenatmosphäre

Unsere Versuche wurden in Wasserstoffatmosphäre (bei dauerndem Durchlauf) unter vermindertem Druck (ca. 2 Torr) durchgeführt. Die Druckverminderung ist zur guten Entgasung und Abführung der bei der Erstarrung freiwerdenden Gase vorteilhaft. Lichtenberger [7] berichtet z. B., daß ohne Vakuum bei Ni überhaupt keine Einkristalle gewonnen wurden. Ein mittleres Vakuum ist auch für eine Reinigung der Schmelze von Kohlenstoff und Sauerstoff günstig (s. a. Bogdandy und Mitarbeiter [8]). In derselben Richtung wirkt der Wasserstoff, der zugleich für den Schutz der Molybdänheizwicklung des Ofens gegen Oxydation notwendig ist. Deshalb ist zu hohes Vakuum zu vermeiden, aber auch, weil dadurch Tiegelreaktionen begünstigt werden und weiterhin die Gefahr eines Herausdampfens von Legierungsbestandteilen besteht.

Die Überhitzung

Eine ausreichende Überhitzung über die Schmelztemperatur ist notwendig, um die Kristallkeime weitgehend zu zerstören. Im allgemeinen betrug bei unseren Versuchen die Überhitzungstemperatur 50 bis 100°, die Überhitzungszeit etwa 30 min. Eine zu starke Überhitzung ist vor allem bei höher schmelzenden Legierungen zu vermeiden, da eventuell verstärkte Tiegelreaktionen eintreten können.

Die Tiegel

Es wurden Sinterkorundtiegel (VEB Keramische Werke Neuhaus) verwendet. Sie waren zylindrisch (15 bzw. 24 mm ⌀, Wandstärke 2 mm, Höhe 150 mm). Am Boden gingen sie in eine Spitze über, um die Wahrscheinlichkeit zu erhöhen, daß sich zu Beginn der Kristallisation ein einziger Kristall bildet. Bei manchen Schmelzen, besonders bei Fe–Al, traten Tiegelreaktionen auf, ohne jedoch das Einkristallwachstum zu behindern. Nur bei Kupfer waren die Reaktionen so stark, daß kein Einkristall zu gewinnen war. In diesem Fall wurden deshalb Graphittiegel verwendet.

Reinheit des eingesetzten Materials

Wir konnten feststellen, daß nicht immer äußerste Reinheit des Ausgangsmaterials für das Gelingen der Versuche notwendig war. Zum Beispiel erhielten wir aus technischen FeSi-Chargen ebenso wie aus Vakuumchargen mit guter Ausbeute Einkristalle. Bei anderen Legierungen wiederum wurden erst bessere Erfolge erzielt, nachdem die Reinigungswirkung des „Restschmelzverfahrens" ausgenutzt wurde (verunreinigten Kopf abschneiden und den Rest nochmals einschmelzen und „ziehen"). Allerdings kann hierbei noch ein Einfluß der sogenannten Präexistenz [9] des Einkristalles mitwirkend sein. Interessant ist auch die Beobachtung, daß bei Einsatz von verhältnismäßig kohlenstoffreichem Karbonyleisen die Ausbeute an Fe–Ni-Einkristallen besser wurde, wobei dahingestellt bleibt, ob es sich um eine direkte Wirkung des Kohlenstoffes handelt oder dieser über eine Reduktion von Oxyden Einfluß hat. Bei der Herstellung von Ni- und Fe–Ni-Einkristallen wurde in der Literatur häufig über große Schwierigkeiten berichtet (Stephan [3], Kochendörfer [10], Sucksmith [11], Lichtenberger [7]). Zum Teil mußten von diesen Autoren starke Schmelzbewegungen angewendet werden. Die Ausbeute und die Größe der Einkristalle war gering. Derart große Schwierigkeiten traten bei uns nicht auf.

Die Ausbeute

Die Ausbeute war je nach Legierung recht unterschiedlich. Sie betrug z. B. bei Fe–Ni etwa 40%, bei Fe–Si und Fe–Al ca. 60%, während bei Kupfer ziemlich 100% erreicht wurden.

Bei der Herstellung der Einkristalle treten eine Reihe Effekte auf, die von Einfluß auf die nachfolgenden physikalischen Messungen sein können und deshalb genauer untersucht und möglichst beherrscht werden müssen.

Reinigungswirkung des „Restschmelzverfahrens"

Im allgemeinen enthält ein mit seiner Schmelze im Gleichgewicht stehender Kristall eine Verunreinigung in einer anderen Konzentration als die Schmelze. Die Konzentrationsverteilung der Verunreinigungen über einen Einkristall beim Restschmelzverfahren haben Schreiber und Schubert [6] theoretisch berechnet (Abb. 1).

Charakteristisch ist hierbei, daß die Konzentration der Verunreinigungen im Kristall gegen Ende der Kristallisation verhältnismäßig plötzlich stark ansteigt. Das stimmt mit folgender, rein qualitativ von uns gemachter Beobachtung überein: Ni- und Fe–Ni-Legierungen zeigten im oberen Drittel der Einkristalle an der Oberfläche im ungeätzten Zustand einen abrupten Übergang im Aussehen von matt in glänzend, im geätzten Zustand vom glänzenden Ätzschimmer zu einer matten, rauhen Oberfläche. Metallographische Schliffe zeigten im oberen Teil Ausscheidungen und verstärkte Polygonisation. Wir nehmen an, daß im Gebiet der Grenze zwischen der matten und glänzenden Oberfläche der starke Konzentrationsanstieg vorliegt und die Löslichkeit einer Verunreinigung überschritten wird. Beim Ätzen erfolgt dann durch Lokalelementbildung verstärkter Angriff, der die rauhe Oberfläche hervorruft.

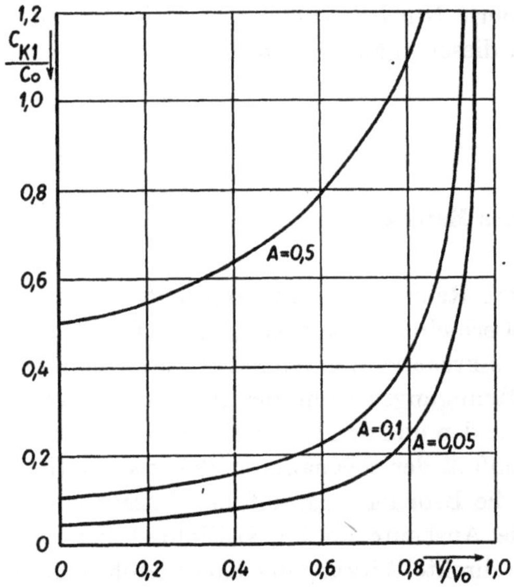

Abb. 1. Verteilung der Beimengungen mit verschiedenen Verteilungskoeffizienten beim Restschmelzverfahren nach Schreiber und Schubert [6]

V_0 = Anfangsvolumen der Schmelze, V = Volumen des kristallisierten Anteils, C_{K1} = Konzentration der Beimengungen im kristallisierten Anteil, C_0 = Anfangskonzentration der Beimengungen in der Schmelze, A = Verteilungskoeffizient

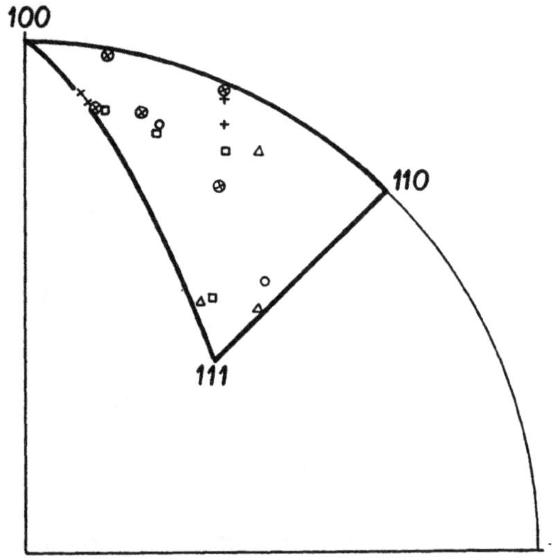

Abb. 2. Orientierung von Einkristallen und gleichzeitig in einem Regulus nebeneinanderwachsender Kristalle in stereographischer Projektion dargestellt

⊗ Ni-Einkristalle, □/+ Ni-Reguli, △ Fe–Ni (25/75)-Reg., ○/× Fe–Ni (50/50)-Reg.

Kristallfehler

An Kristallfehlern konnten so ziemlich alle in der Literatur beschriebenen Arten beobachtet werden. Nur zum Teil sind sie stark und eindeutig von den Herstellungsbedingungen abhängig und somit vermeidbar. Vor allem bei Kupfer und Cu–Al trat häufiger Dendritenwachstum und Zellstruktur besonders gegen Ende der Erstarrung auf. Diese Erscheinungen können auf einen ungünstigen Quotienten von Temperaturgradient und Wachstumsgeschwindigkeit zurückgeführt werden (s. a. TILLER und Mitarbeiter [4]). Bei fast allen Kristallen, nur unterschiedlich stark, konnten mikroskopisch Versetzungen und Subkorngrenzen bzw. Versetzungsanordnungen beobachtet werden. Die dabei auftretenden Orientierungsunterschiede waren so gering, daß auf den Schliffflächen erzeugte BITTERsche Streifen an den Subkörnern nicht merkbar abgelenkt wurden. Die Ursache dieser Fehler ist in einem ungünstigen Verlauf der Isothermen an der Phasengrenzfläche und die dadurch bedingte Form dieser selbst zu sehen. Es treten thermische Spannungen auf, die zu einem plastischen Fließen in kleinen Bereichen führen. Spannungen können außerdem durch Ausscheidungen und durch Unebenheiten der Tiegel hervorgerufen werden, worauf wir Fehler im Ätzschimmer, in Form von Flecken, zurückführen. Häufig zu beobachten waren auch parallele Streifen („lineages“) in Wachstumsrichtung, die durch Makroätzung sichtbar gemacht werden konnten und deren Orientierungsunterschiede, röntgenographisch bestimmt, bis zu 3° betrugen. Ähnlich waren Fehler besonders bei Fe–Si-Einkristallen, die sich auch als Orientierungsunterschied im Ätzschimmer äußerten. Die Grenze der unterschiedlichen Orientierungen bildete dabei eine Linie, die über mehrere Zentimeter längs der Wachstumsrichtung liegt, ohne daß sie sich, wie bei Korngrenzen, in sich schloß.

Orientierung der Einkristalle

In Hinsicht auf die Herstellung von Einkristallen mit einer gewünschten Orientierung interessierte die Frage, ob bei unter gleichen Bedingungen gewachsenen Einkristallen kubisch kristallisierender Metalle eine bestimmte Orientierung bevorzugt wird. Im allgemeinen konnte keine Bevorzugung irgendeiner Wachstumsrichtung nachgewiesen werden (z. B. GRAF [13], GARSTONE [14], HALL [15]). Daß häufig die Erstarrung polykristallin beginnt und später mehr oder weniger schnell ein Kristallit die anderen verdrängt, so daß schließlich doch noch ein Einkristall wächst, legt nahe, eine günstigste Wachstumsrichtung zu vermuten, die die Ursache dieser Wachstumsauslese ist, wobei allerdings unterschiedliche maximale Kristallisationsgeschwindigkeiten keinen Einfluß haben sollten, da die angewandten Ziehgeschwindigkeiten weit unter diesen liegen (TAKAKI [16]). Die angefallenen Einkristalle hatten alle möglichen Orientierungen. Da es schwierig war, stets mit Sicherheit dieselben Versuchsbedingungen einzuhalten, bot sich diese Möglichkeit in einem Sonderfall: Besonders bei Ni und Fe–Ni wuchsen oft sehr große Bi- und Trikristalle über viele Zentimeter eines Regulus hinweg, ohne Veränderung ihres Volumenanteils, nebeneinander her. Für diese mit Sicherheit unter gleichen Bedingungen wachsenden Kristallite eines Regulus konnte vermutet werden, daß sie gleiche kristallographische Wachstumsrichtungen hätten. Daß das nur z. T. der Fall war, zeigt Abb. 2.

Probenherstellung und Orientierungsbestimmung

Auskunft über den einkristallinen Charakter der Reguli wurde durch Erzeugung des Ätzschimmers mittels Ätzmittel gewonnen, die bestimmte, niedrig indizierte Ebenen freilegen. Nebenbei gestattet diese Ätzung schon grobe Aussagen über die Vollkommenheit des Kristalles. Anderseits ist sofort eine schnelle und einfach auszuführende angenäherte Orientierungsbestimmung mittels BRIDGMAN-Kugel [17] möglich. Genauere Bestimmungen erfolgten mit Zweikreisgoniometer und Lichtfiguren nach der Methode von YAMAMOTO und Mitarbeiter (Literatur s. HAESSNER [18]). Dieses Verfahren ist ausreichend genau, vorteilhaft einfach und schnell, erfordert jedoch definierte Ätzungen, die in bemerkenswerter Abhängigkeit vom Material und seinen Verunreinigungen nicht immer leicht zu erhalten sind. Mitunter wurde die Orientierung auch mit Ätzgrübchen und Bitterstreifen kontrolliert. Letztlich wurden zur Bestimmung von Orientierung und Vollkommenheit die klassischen Röntgenmethoden benutzt.

Die Probenherstellung bedarf besonderer Sorgfalt. Die Schwierigkeiten, insbesondere bei komplizierten Proben (Kugeln, Rahmen), sind erheblich und die Verformungen selbst bei vorsichtiger mechanischer Bearbeitung weit ins Materialinnere reichend (KOCHENDÖRFER [10]). Schneidversuche mit schnellaufenden Silizium-Karbid-Trennscheiben brachten oft Verformungen, die z. B. bei Cu bis zu einer Tiefe von 0,2 mm und bei Supermalloy bis zu ca. 0,05 mm schon durch Rekristallisationsglühung nachgewiesen werden konnten. Geringere Verformung trat bei elektroerosiver Bearbeitung auf (s. a. R. C. HALL [19]). Sehr vorsichtiges Schleifen und insbesondere chemischer und elektrochemischer Materialabtrag waren weitere unumgängliche Hilfsmittel nach dem Schneiden.

Literatur

[1] BRIDGMAN, P. W., Proc. Am. Acad. **60** (1925) 303.
[2] QUIMBY, S. L., Phys. Rev. **39** (1932) 345.
[3] STEPHAN, W., Exp. Techn. Phys. **5** (1957) 97.
[4] TILLER, W. A., RUTTER, R. W., JACKSON, K. A., CHALMERS, B., Acta Met. **1** (1953) 428.
[5] RUTTER, J. W. u. CHALMERS, B., Canad. J. Phys. **31** (1953) 15.
[6] SCHREIBER, G. u. SCHUBERT, R., Z. phys. Chem. **206** (1956) 110.
[7] LICHTENBERGER, F., Ann. Phys. **15** (1932) 45.
[8] v. BOGDANDY, L., Arch. Eisenhüttenwesen **29** (1958) 231.
[9] HALLA, F., Kristallchemie und Kristallphysik metallischer Werkstoffe. J. A. Barth-Verlag, Leipzig 1951, S. 92.
[10] KOCHENDÖRFER, A. u. OTTO, G., Arch. Eisenhüttenwesen **29** (1958) 709.
[11] SUCKSMITH, W., POTTER, H. H. u. BROADWAY, L., Proc. Roy. Soc. (A) **117** (1928) 471.
[12] TILLER, W. A., J. Appl. Phys. **29** (1958) 611.
[13] GRAF, L., Z. Phys. **67** (1931) 388.
[14] GARSTONE, J., HONEYCOMBE, R. W. K. u. GREETHAM, G., Acta Met. **4** (1956) 485.
[15] HALL, R. C., J. Met. Trans. AIME **9** (1957) 1257.
[16] TAKAKI, NAKAMURA, S., NAKAMURA, Y., HAYNSHI, FURUKAWA, J. Phys. Soc. Japan **9** (1954) 204.
[17] BRIDGMAN, P. W., Proc. amer. Acad. Arts. Sci. **60** (1925) 305.
[18] HAESSNER, F. u. SCHMITTEN, W., Z. Metallk. **49** (1958) 507.
[19] HALL, R. C., Metal Progr. **70** (1956) 78.

Nachweis der Kristallorientierung, insbesondere in ferromagnetischen Legierungen durch Ätzfiguren und Pulverbilder

Von H. Ringpfeil und I. Fritsche, Dresden

Für die Beurteilung des Werkstoffzustandes ist häufig die Bestimmung der Kornorientierung von Wichtigkeit. Es sind hierzu mehrere Methoden bekannt:

1. Normale metallographische Kornflächenätzung und Anwendung der „Methode des maximalen Ätzschimmers" nach Tammann [1, 2];
2. Kornfärbung bzw. Erzeugung von Anlauffarben (die Tönung ist orientierungsabhängig) [1, 3, 4];
3. Schraffurätzung (in den chemisch erzeugten Oberflächenhäutchen entstehen orientierungsabhängige Schrumpfrisse) [2, 5, 6];
4. Erzeugung von Gleitlinien durch plastische Verformung (orientierungsabhängige Druckfiguren) [6, 7];
5. Erzeugung von Ätzgrübchen (etch pits) mit charakteristischen orientierungsabhängigen geometrischen Formen [6, 8];
6. Erzeugung von Pulverbildern (Bitterstreifen) durch Aufbringen von Suspensionen ferromagnetischer Pulver (nur für ferromagnetische Werkstoffe anwendbar) [9, 10];
7. Strukturbestimmung mittels Röntgenstrahlen.

Während die letztgenannte, röntgenographische Methode bei Untersuchung polykristalliner Proben nur einen Mittelwert der Orientierung über mehrere Kristallite angibt, kann man mit den metallographischen Methoden die Orientierung jedes einzelnen Kornes und damit auch Orientierungsunterschiede innerhalb des polykristallinen Körpers feststellen.

Bei der üblichen metallographischen Kornflächenätzung (Ziffer 1) erfolgt die Auflösung des Metalles mehr oder weniger gleichmäßig über die gesamte Kornfläche. Dagegen wird bei Anwendung bestimmter Ätzmittel und geeigneter Lösungsbedingungen ein von isolierten Punkten ausgehender Angriff festgestellt. Es werden dabei Ätzgrübchen mit geometrisch definierten Formen (etch pits) erzeugt. Die Begrenzung der im Mikroskop sichtbaren Figur entspricht den Schnittlinien bestimmter kristallographischer Netzebenen mit der metallographischen Schliffebene.

Aus der Form der Figur und der Lage der Begrenzungslinien zu einer vorgegebenen Richtung (z. B. Walzrichtung) können deshalb Schlußfolgerungen auf die Orientierung jedes einzelnen Kristallkornes gezogen werden. Auch die Zahl und Verteilung der Ätzfiguren an der Oberfläche eines Kristalles ist nicht zufällig, sondern steht in direkter Beziehung zum Werkstoffzustand.

Verfahren zur Herstellung von Ätzfiguren

Die Verteilung und Anordnung der Ätzfiguren wird durch Kaltverformung stark beeinflußt. Um den tatsächlichen Werkstoffzustand erkennen zu können, müssen deshalb Oberflächenschichten, die durch mechanische Bearbeitungsverfahren der Schliffläche (z. B. Schleifen, mechanisches Polieren) die Matrix bedecken, durch chemische oder elektrochemische Verfahren restlos abgetragen und das ungestörte Gefüge freigelegt werden.

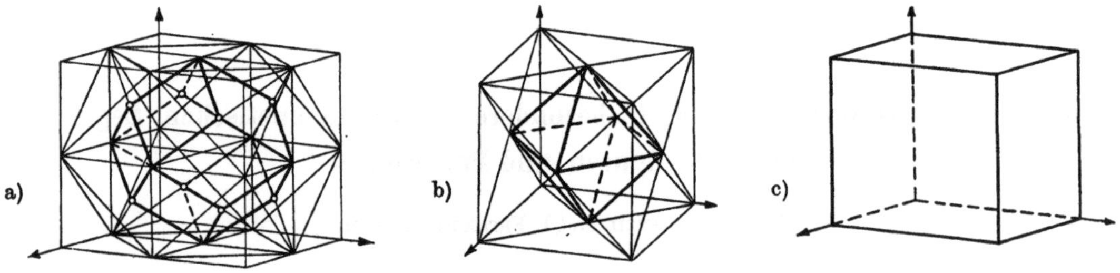

Abb. 1. Grundkörper für den Ätzangriff bei kubischen Metallen. a) Rhombendodekaeder, b) Oktaeder, c) Kubus

Bei den Versuchen der Verfasser wurde vornehmlich das elektrolytische Polierverfahren angewendet, das in der Technik auch als anodisches Glänzen bekannt ist. Hierbei werden bevorzugt die hervorstehenden Profilspitzen abgetragen bzw. eingeebnet. Als Einflußfaktoren für das anodische Polieren sind im wesentlichen zu berücksichtigen:

a) Art und Konzentration des Elektrolyten,
b) Stromdichte,
c) Polierdauer,
d) Temperatur,
e) Abstand der Elektroden (Pole).

Es soll noch darauf hingewiesen werden, daß das anodische Polieren von heterogenen Gefügen u. U. Schwierigkeiten bereitet, wenn das Lösungspotential der einzelnen Kristallarten stark unterschiedlich ist und dadurch die unedlere Phase bevorzugt herausgelöst wird. (Lokalelementbildung — Lochfraß.)

Als Elektrolyt wurde zum Polieren bevorzugt eine Mischung von Chromsäureanhydrid und Phosphorsäure verwendet. Die Stromdichte betrug etwa 15 Amp./cm^2, die Polierdauer 2 bis 3 min.

Nach dem elektrolytischen Polieren kann das Ätzen zur Erzeugung der Ätzfiguren entweder ebenfalls elektrolytisch oder auch auf rein chemischem Wege erfolgen. Unter geeigneten Lösungsbedingungen beginnt der Angriff zur Bildung der Ätzgrübchen an ausgezeichneten Punkten der Schlifffläche („mikroskopisch oder submikroskopisch wunde Stellen“) [11]. Als solche werden im allgemeinen Kristallbaufehler, wie Schnittpunkte von Versetzungslinien, Leerstellen usw., angesehen.

Der Mechanismus des Ätzprozesses führt unter geeigneten Bedingungen zu einem Herausmodellieren der mit Atomen am dichtesten besetzten Netzebene, deren Fläche dann die geometrische Form der Ätzgrübchen bestimmt. Die unter dem Mikroskop erscheinende Ätzfigur ist somit eine von definierten Ätzflächen begrenzte Vertiefung.

Für Metalle mit kubisch-raumzentriertem Gitter ist die (110)-Ebene (Dodekaeder-Fläche[1]) und für kubisch-flächenzentrierte Gitter die (111)-Ebene (Oktaeder-Fläche) die am dichtesten besetzte Netzebene. Es ist zu erwarten, daß für kubisch-raumzentrierte Gitter die Ätzfiguren Abbilder der Schnittflächen eines Dodekaeders und für kubisch-flächenzentrierte Gitter Schnittflächen eines Oktaeders darstellen. Als Grundmodelle für den Ätzangriff bei kubischen Metallen sind also das Rhombendodekaeder bzw. das Oktaeder anzusehen (Abb. 1).[2]

Für jede beliebige Orientierung eines Kristalliten lassen sich durch Schnitte durch den seinem Gittertyp entsprechenden Raumkörper die entstehenden Ätzfiguren ableiten, was im folgenden für die technisch wichtigsten Orientierungen, die (100)-, (110)- und (111)-Netzebenen geschehen soll.

---

[1]) Zur Abkürzung wird in dieser Arbeit statt Rhombendodekaeder meist nur Dodekaeder geschrieben.

[2]) Bei bestimmten Ätzmitteln oder Lösungsbedingungen kann der Ätzabbau auch so erfolgen, daß weniger dicht besetzte Netzebenen, z. B. (100), als Ätzflächen herausmodelliert werden. Für kubisch-raumzentrierte Metalle ist dann der Kubus als Grundmodell für den Ätzangriff zu betrachten (vgl. auch S. 35).

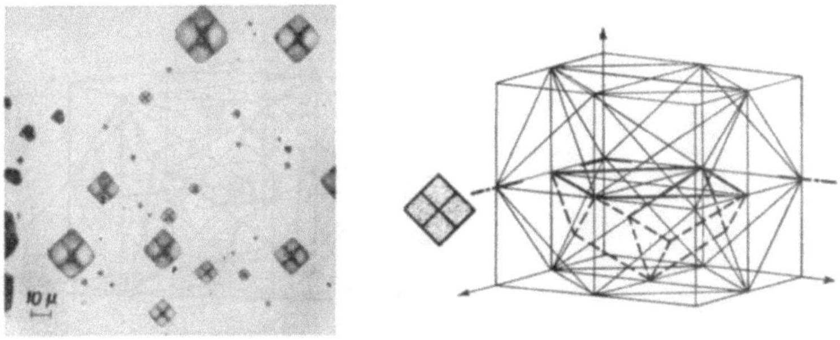

Abb. 2. Schema und Ätzfigur bei Dodekaederflächenabtragung, Kornorientierung (100), geätzt mit verd. Königswasser, 300:1

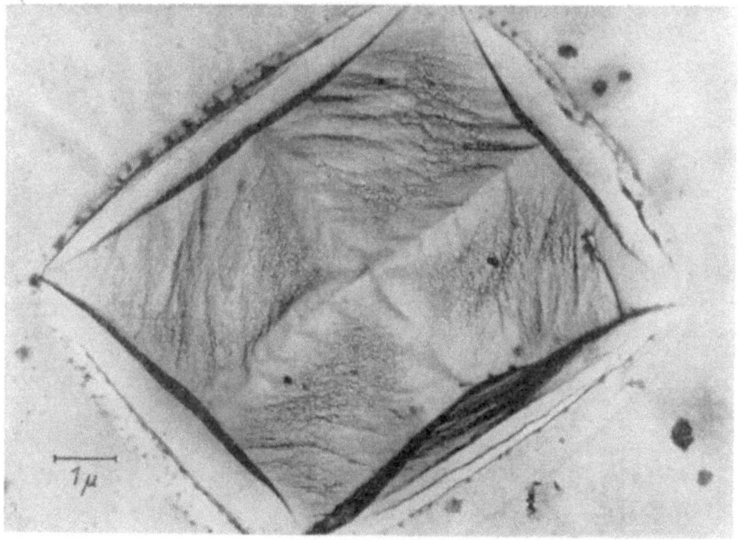

Abb. 3. Elektronenmikroskopische Aufnahme einer Ätzfigur bei Dodekaederflächenabtragung, Kornorientierung (100)

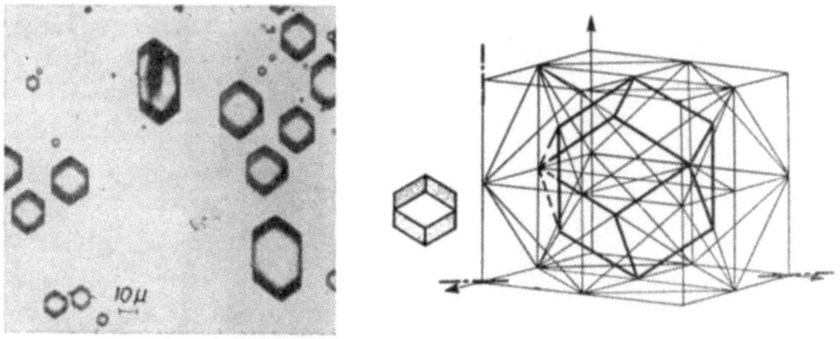

Abb. 4. Schema und Ätzfigur bei Dodekaederflächenabtragung, Kornorientierung (110), geätzt mit verd. Königswasser, 300:1

Kubisch-raumzentrierte Metalle

(Grundkörper: Rhombendodekaeder)

Ist der zu untersuchende Kristallit so orientiert, daß eine Würfelfläche (100) parallel zur Schnittfläche liegt, so ergibt sich die Ätzfigur nach Abb. 2 durch einen Schnitt des Grundkörpers parallel zur Würfelfläche (100). Die an der Oberfläche entstehenden Begrenzungslinien der Ätzfigur bilden dann ein Quadrat. Die in die Tiefe des Ätzgrübchens führenden Dodekaeder-Ebenen zeichnen sich durch die Spur ihrer gegenseitigen Schnittlinien ab. Bei Betrachtung senkrecht zur (100)-Ebene bilden diese Spurlinien ein Kreuz, dessen Linien jeweils in der Mitte der Oberflächen-Quadratkanten beginnen. Senkrecht verlaufende Flächen werden nur als Linien sichtbar. In Abb. 2 werden solche Ätzfiguren auf einem 3%igen Silizium-Eisen mit (100)-Kornorientierung in einer lichtmikroskopischen Aufnahme gezeigt. In der elektronenmikroskopischen Aufnahme (Abb. 3) sind auch die in die Tiefe laufenden Ätzflächen und damit die aus dem Modellkörper abgeleitete Figur des Ätzkörpers deutlich zu erkennen.

Bei einer Kornorientierung parallel zur (110)-Ebene ergibt die Schnittfläche des Raumkörpers ein Sechseck (Abb. 4). Die zwei diagonal geschnittenen Dodekaeder-Flächen des Raumkörpers erscheinen in der Projektion als eine Linie. Die auf dem Grund der Ätzgrube liegende Dodekaeder-Fläche erscheint als Rhombus, der aus den Spurlinien der von der Schnittfläche in die Tiefe führenden Dodekaeder-Flächen gebildet wird. Das Ätzbild eines kubischraumzentrierten Metalles mit (100)-Orientierung zeigt dementsprechend sechseckige Ätzfiguren

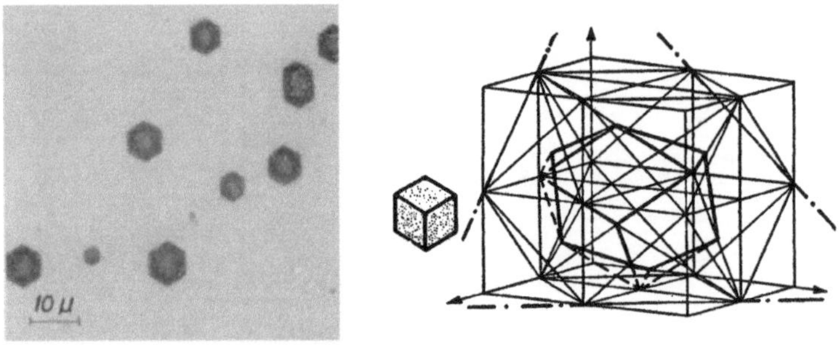

Abb. 5. Schema und Ätzfigur bei Dodekaederflächenabtragung, Kornorientierung (111), geätzt mit Königswasser, 800:1

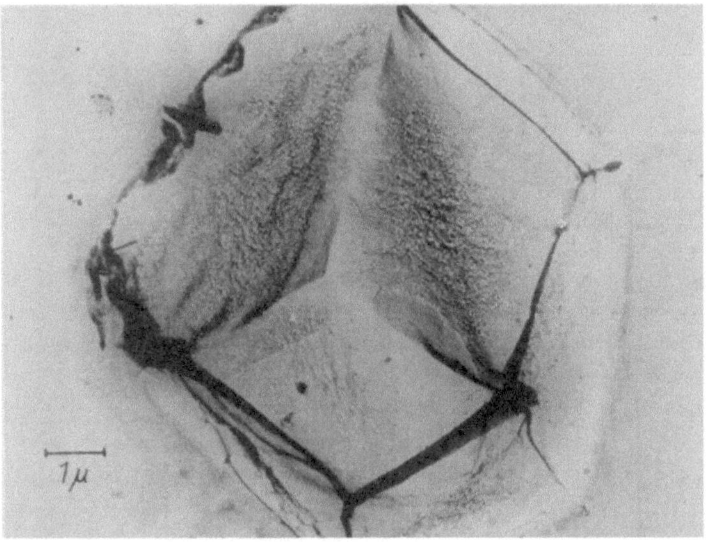

Abb. 6. Elektronenmikroskopische Aufnahme einer Ätzfigur bei Dodekaederflächenabtragung Kornorientierung (111)

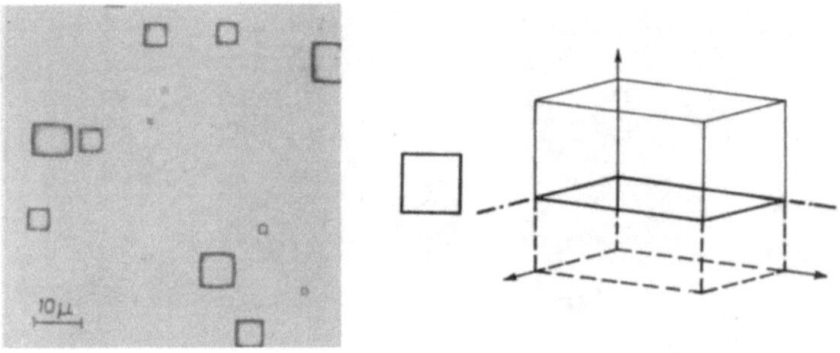

Abb. 7. Schema und Ätzfigur bei Würfelflächenabtragung, Kornorientierung (100), geätzt mit HNO_3 oder $HClO_4$, 800:1

an der Oberfläche mit einem in der Tiefe liegenden eingeschlossenen Rhombus. Die in der metallographischen Aufnahme gezeigten Ätzfiguren eines solchen Kristalles mit (110)-Orientierung (Abb. 4) zeigen allerdings nicht immer gleichmäßige Sechsecke. Diese verschobenen Sechsecke erklären sich durch kleine Winkelabweichungen der Orientierung von der Ideallage (gekippte Flächen). Es ist also auf diese Weise auch möglich, durch die Form der Ätzfiguren kleine Winkelabweichungen der Orientierung von der Ideallage festzustellen.

Bei einer Orientierung eines Kristalliten raumzentrierter Metalle parallel zur (111)-Ebene ergibt sich als Schnittfigur des Grundkörpers ebenfalls ein Sechseck, dessen Fläche aber von drei Linien durchzogen wird, die sich im Flächenmittelpunkt unter einem Winkel von 120° schneiden (Abb. 5). Diese Linien sind die Spuren der 3 Dodekaeder-Flächen, die von der Oberfläche in die Tiefe führen. Die lichtoptische Aufnahme (Abb. 5 links) läßt die in die Tiefe laufenden Schnittlinien häufig nicht deutlich erkennen. Auch hier kann aber durch elektronenmikroskopische Aufnahmen (Abb. 6) die Form der Ätzgrube, entsprechend der Ableitung vom Dodekaeder-Grundkörper, deutlich sichtbar gemacht werden.

Bei der Ätzung ein und derselben Probe kubisch-raumzentrierter Metalle bzw. Legierungen werden bei Verwendung anderer Ätzmittel häufig Ätzfiguren gefunden, die nicht den vorher erwähnten Schnittfiguren an Dodekaeder-Grundkörpern entsprechen. Die beobachteten Ätzfiguren leiten sich vielmehr von einem Kubus als Modellkörper ab und sind bei einer Kornorientierung parallel (100) exakte Würfelflächen (Abb. 7), bei (110)-Orientierung Rechtecke mit einer Spurlinie der in der Tiefe liegenden Würfelkanten

(Abb. 8) und bei (111)-Orientierung ein Dreieck mit drei in der Tiefe nach dem Schwerpunkt des Dreiecks hinführenden Linien der entsprechenden Würfelkanten (Abb. 9).

Diese Formen der Ätzfiguren können beim Ätzen mit Salpetersäure oder Perchlorsäure an Eisen-Silizium-Blech mit sogenannter Goss-Textur beobachtet werden (z. B. Abb. 8 links). Auf den unterschiedlichen Ätzangriff durch verschiedene Ätzmittel wird noch näher eingegangen.

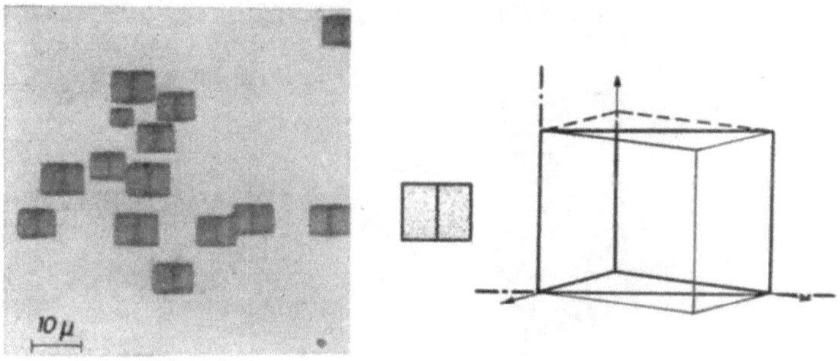

Abb. 8. Schema und Ätzfigur bei Würfelflächenabtragung, Kornorientierung (110), geätzt mit HNO_3 oder $HClO_4$, 800:1

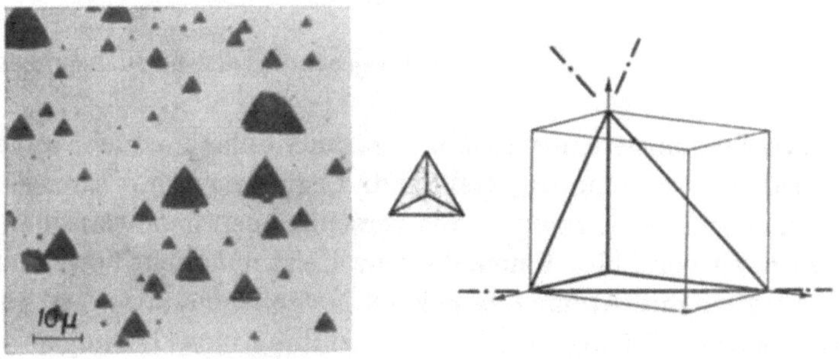

Abb. 9. Schema und Ätzfigur bei Würfelflächenabtragung, Kornorientierung (111), geätzt mit HNO_3 oder $HClO_4$, 800:1

Kubisch-flächenzentrierte Metalle

(Grundkörper: Oktaeder)

Bei einer Kornorientierung mit (100)-Lage zeichnet sich die Ätzfigur eines kubisch-flächenzentrierten Kristalls als Quadrat ab (Abb. 10), bei dem aber im Gegensatz zur (100)-Lage raumzentrierter Kristalle die Schnittkanten der Ätzflächen als Diagonalen des Quadrates verlaufen. Das Ätzbild einer Eisen-Nickel-Legierung (Abb. 10 links) läßt diese Quadrate deutlich erkennen, wobei allerdings die im Quadrat verlaufenden Schnittlinien im Lichtmikroskop wiederum häufig nicht klar hervortreten.

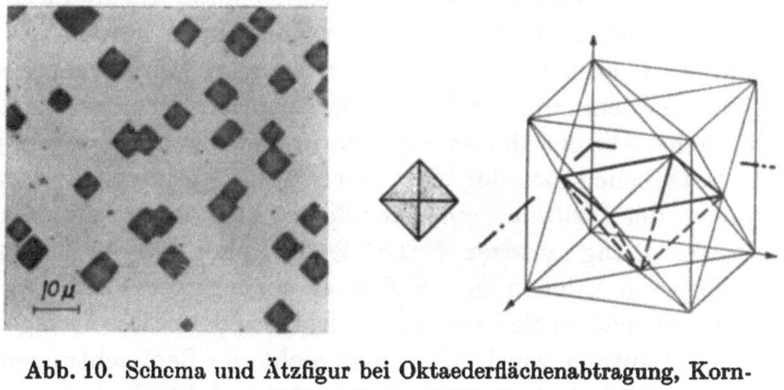

Abb. 10. Schema und Ätzfigur bei Oktaederflächenabtragung, Kornorientierung (100), geätzt mit Königswasser, 800:1

Bei einer Kornorientierung parallel zur (110)-Fläche entsteht als Ätzfigur ein Rhombus mit einer Schnittlinie von zwei in die Tiefe laufenden Oktaeder-Flächen, und zwar als kürzere Diagonale des Rhombus (Abb. 11).

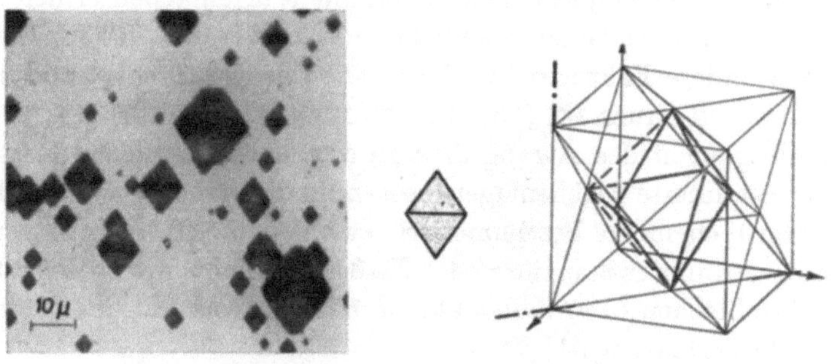

Abb. 11. Schema und Ätzfigur bei Oktaederflächenabtragung, Kornorientierung (110), geätzt mit Königswasser, 800:1

Als Ätzfigur eines kubisch-flächenzentrierten Kornes mit einer Orientierung parallel zur

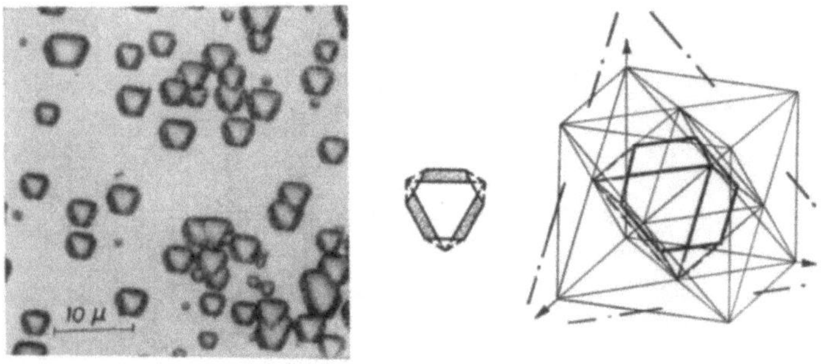

Abb. 12. Schema und Ätzfigur bei Oktaederflächenabtragung, Kornorientierung (111), geätzt mit verd. Königswasser, 1300:1

(111)-Ebene ergibt sich ein Sechseck (Abb. 12), dem durch die Spurlinien der in die Tiefe gehenden Oktaederflächen ein Dreieck einbeschrieben ist. Auch hier entsprechen die tatsächlich festgestellten Ätzfiguren einer Eisen-Nickel-Legierung (Abb. 12 links) der an den Schnittmodellen abzulesenden Form.

Besprechung der Versuchsergebnisse

Die Ergebnisse einer Anzahl experimenteller Versuche an ferromagnetischen Legierungen sind in Tabelle 1 zusammengestellt. Für Legierungen mit kubisch-raumzentriertem Gitter werden je nach Ätzmittel Ätzfiguren mit verschiedenen geometrischen Formen erzielt, und zwar bei Anwesenheit von Chlor-Ionen, die sehr klein und leicht beweglich sind (Ätzmittel B_1 bis B_4), die am dichtesten mit Atomen besetzten Netzebenen (also bei kubisch-raumzentrierten Gittern die Dodekaederflächen) und bei Verwendung von Lösungsmitteln mit größeren Anionen, z. B. NO_3^-, ClO_4^-, SO_4^{--} (Ätzmittel A, C, D), die weniger dicht besetzten Würfelflächen. Bei kubisch-flächenzentrierten Metallen bzw. Legierungen (z. B. FeNi 50) wurden bisher ausschließlich Oktaederflächen, also dichtest besetzte Netzebenen, als Ätzflächen erhalten.

Der unterschiedliche Einfluß der Anionen auf die anodischen Auflösungsvorgänge der Metalle ist schon von zahlreichen Autoren untersucht worden [12 bis 17]. Die bestehenden Theorien erklären die auftretenden Erscheinungen im wesentlichen entweder mit der unterschiedlichen Größe oder dem unterschiedlichen Adsorptionsvermögen der Anionen an der zu ätzenden Metalloberfläche. Die erwähnten experimentellen Beobachtungen, nach denen die am dichtest besetzten Netzebenen bei der Ätzgrübchenbildung nur dann herausmodelliert werden, wenn die Anionen der Ätzlösung einen möglichst kleinen Durchmesser besitzen, lassen in der Tat einen Zusammenhang zwischen der Größe der Ionen und der Besetzungsdichte der Ätzfläche erwarten. Die größeren Anionen haben offenbar ein geringeres Eindringungsvermögen und können deshalb nur bis zu solchen Netzebenen vordringen, deren Besetzungsdichte ihrer Größe angepaßt ist.

Diese Deutung würde allerdings nicht die Beobachtungen von Ribera und Matas [18] und einiger anderer Autoren erklären, die beim elektrolytischen Ätzen von V2A allein durch die Veränderung der Konzentration des Lösungsmittels (5 bzw. 10%ige H_2SO_4) einmal Ätzfiguren mit Oktaederebenen und zum anderen mit Würfelflächen erhielten. Zahlreiche Ergebnisse verschiedener Verfasser lassen aber erkennen, daß außer der Ionenart des Lösungsmittels sicher auch noch andere Faktoren die Geometrie der Ätzgrübchenbildung beeinflussen. So wird z. B. von Mahl und Stranski [13], Politycki und Fischer [14] u. a. festgestellt, daß bei speziellen Bedingungen des Ätzangriffes an der Metalloberfläche Reaktionsschichten entstehen können, die bestimmte Flächenlagen beständiger machen bzw. durch ihren anderen Strukturtypus die Ätzgrübchenform bestimmen. So erschienen z. B. beim Ätzen von Al (kubisch-flächenzentriert) mit verdünnter Salzsäure oder Flußsäure nicht, wie zu erwarten wäre, Oktaederformen, sondern Würfelflächen bzw. Kubooktaederflächen, was mit der Bildung von oxydischen Deckschichten (Al_2O_3) erklärt wird.

Die Form des Ätzabbaues kann sicher auch noch von weiteren Faktoren beeinflußt werden, wie z. B. Adsorptionsbedingungen des Ätzmittels an der Metalloberfläche [14, 15], chemische

Tabelle 1. Ätzbedingungen zur Erzeugung von Kristallfiguren

Ätzmittel: A 0,5%ige HNO_3

B_1 5 Teile HNO_3; 10 Teile HCl; 100 Teile H_2O

B_2 2 Teile HNO_3; 6 Teile HCl; 100 Teile H_2O

B_3 2 Teile HNO_3; 8 Teile HCl; 100 Teile H_2O

B_4 5 Teile HNO_3; 15 Teile HCl; 2 Teile Sparbeize

C 3 Teile $HClO_4$; 100 Teile H_2O

D 15 g $FeSO_4$; 3 ml H_2SO_4; 100 ml H_2O

Untersuchtes Material	Ätz-mittel	Ätzflächen	Ätzmethode	Strom-dichte A/cm²	Ätzdauer Sek.	Ätzgrübchenform bei Orientierung (100) | (110) | (111) parallel zur Schliffläche
kubisch-raumzentrierte Gitter						
Weicheisen	A	Würfelfl.	elektrolytisch	0,05	30	
Fe–Si	A	Würfelfl.	elektrolytisch	0,05	30	
(3% Si)	B_2	Dodekaederfl.	elektrolytisch	1,0	10	
	C	Würfelfl.	elektrolytisch	0,1	20	
Fe–Al	B_1	Dodekaederfl.	elektrolytisch	0,6	30	
(3,5–16% Al)	C	Würfelfl.	elektrolytisch	0,05	50	
	D	Würfelfl.	chemisch	—	50–100	
Fe–W	B_1	Dodekaederfl.	elektrolytisch	0,6	30	
(6,5% W)	C	Würfelfl.	elektrolytisch	0,3	20	
Fe–V	B_1	Dodekaederfl.	elektrolytisch	0,6	30	
(1,6% V)	C	Würfelfl.	elektrolytisch	0,1	60	
Fe–Mo	B_3	Dodekaederfl.	elektrolytisch	0,5	30	
(3,5% Mo)	C	Würfelfl.	elektrolytisch	0,1	60	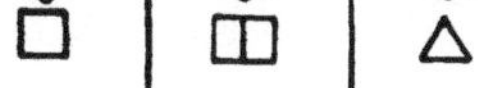
Fe–Ti	B_2	Dodekaederfl.	elektrolytisch	1,0	20	
(0,8% Ti)	C	Würfelfl.	elektrolytisch	0,15	100	
Fe–Sn	B_1	Dodekaederfl.	elektrolytisch	0,1	10	
(2,2% Sn)	C	Würfelfl.	elektrolytisch	0,1	40	
kubisch-flächenzentrierte Gitter						
Fe–Ni	B_2	Oktaederfl.	elektrolytisch	0,6	20	
(36–50% Ni)	B_4	Oktaederfl.	chemisch	—	10–20	
Fe–Ni–Co (43% Ni, 23% Co)	B_2	Oktaederfl.	elektrolytisch	1,0	10	

Reinheit des Ätzmittels, Anwesenheit von Fremdstoffen, die als Inhibitoren wirken [14], Temperatur des Ätzmittels [16], Viskosität und die dadurch beeinflußte Diffusionsgeschwindigkeit des Elektrolyten, Dissoziationsgrad des Elektrolyten usw.

Wenn auch bei der Erzeugung von Ätzgrübchen durch einige Faktoren, deren Einfluß z. Z. noch nicht genügend erforscht ist, gelegentlich noch einige nicht restlos zu deutende Erscheinungen auftreten, so kann doch bei Anwendung sorgsam überwachter Ätzbedingungen eine Bestimmung der Kornorientierung aus der geometrischen Gestalt und Lage der Ätzfiguren mit genügender Sicherheit erfolgen. Diese Methode gestattet jedenfalls, auf einfache Weise und in kürzester Zeit, rein visuell ohne Winkelmessung, bereits eine halbquantitative Orientierungsbestimmung nicht nur an Einkristallen, sondern auch an polykristallinen Proben.

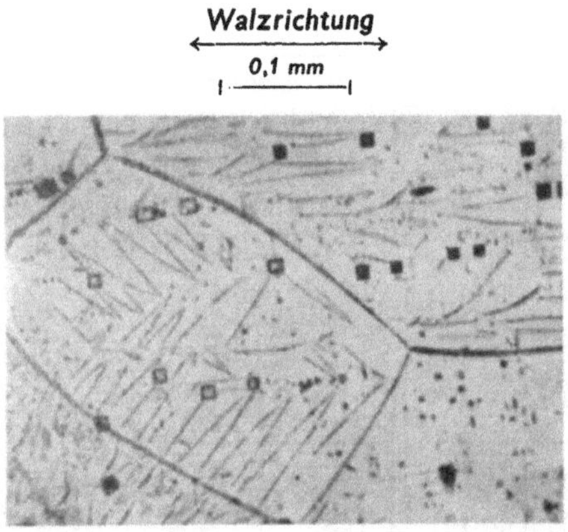

Abb. 13. Aufnahme mit Suspension (Bitterstreifen) eines Fe–Si-Bleches. Das mittlere Korn zeigte geringe Abweichung von einer (100)-Ebene

Darüber hinaus sind eine Reihe wertvoller qualitativer Aussagen möglich, wie Rückschlüsse auf die Versetzungsdichte und sonstige Kristallbaufehler, Feststellung von Subkorngrenzen, lokalen Kaltverformungsbezirken, Rekristallisationsvorgängen, Ausscheidungen, Aussagen über die Natur der Korngrenzen zweier benachbarter Kristallite und ihre wechselseitige Beeinflussung bei plastischer Verformung usw.

Pulverbilder (Bitterstreifen) zur Bestimmung der Kornorientierung

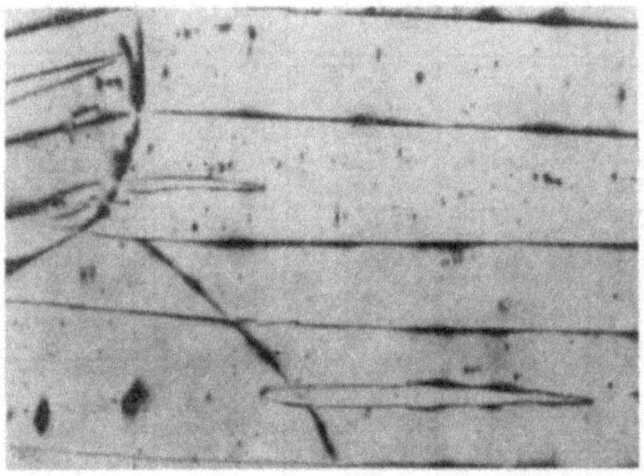

Abb. 14. Bitterstreifen auf einer (110)-Ebene eines Fe–Si-Bleches

Eine wertvolle Ergänzung für die rein visuelle Feststellung selbst verhältnismäßig geringer Orientierungsunterschiede, die allerdings nur für ferromagnetische Werkstoffe Anwendung finden kann, bietet die sogenannte Pulverbilder-Methode. Hierbei werden die in gleicher Weise durch elektrolytisches Polieren hergestellten Metallschliffe mit einer kolloidalen Suspension von Fe_3O_4 beträufelt [9] und unter dem Metall-Mikroskop betrachtet. Das sehr feinkörnige ferromagnetische Pulver sammelt sich dann an der Grenzschicht zweier Weissscher Bezirke (Bloch-Wand) an und bildet — je nach Richtung der vorliegenden Magnetisierungsvektoren — unterschiedliche Linienmuster, die eine Bestimmung der vorliegenden Kornorientierung ermöglichen.

Bei der Untersuchung von Texturwerkstoffen kommt es meist nur darauf an, die Abweichungen der Lage der Kristallebenen von der gewünschten Orientierung in bezug auf die Walzebene festzustellen. Auf Grund theoretischer Betrachtungen kann man, wie Néel [19] gezeigt hat, die Form der Bezirksmuster auf der Oberfläche von ferromagnetischen Kristallen vorausbestimmen. Wenn die Walzrichtung bekannt ist und der Winkel zwischen einer bestimmten kristallographischen Ebene und der Walzebene nicht größer als 10° ist, kann die Orientierung von Korn zu Korn durch bloße visuelle Betrachtung der Pulvermuster halbquantitativ angegeben werden.

So bilden sich z. B. auf einem Korn mit (100)-Orientierung im entmagnetisierten Zustand parallele Pulverlinien (ähnlich Abb. 14) aus. Liegt die (100)-Ebene um die [010]-Richtung ca. 3° zur Walzebene gekippt, dann ergeben sich sogenannte Tannenbäumchen-Muster, wie sie im mittleren Korn in Abb. 13 zu sehen sind. Die auf der Schliffläche vorher erzeugten Ätzfiguren lassen ebenfalls erkennen, daß es sich um ein Korn mit nahezu (100)-Orientierung handelt. Bei idealer (110)-Orientierung mit Richtung [001] parallel zur Walzrichtung, wie sie bei FeSi mit sogenannter Goss-Textur vorliegt, verlaufen die BLOCH-Wände parallel zur Walzrichtung. Es ergeben sich ebenfalls parallele Pulverlinien (Abb. 14).

Nach PAXTON und NILAN [10] treten an FeSi-Texturblechen bei steigenden Neigungswinkeln der (110)-Ebene mit Richtung [001] parallel zur Walzebene bis etwa 13° fünf verschiedene Bezirksmustertypen auf, die eine verhältnismäßig präzise Angabe der Kristallorientierung ermöglichen. Abb. 15 zeigt drei solche Bitterstreifenbilder, die an einem gebogenen Fe–Si-Blech mit (110)-Lage aufgenommen wurden. Durch Anschleifen dieser gebogenen Probe werden verschiedene Abweichungen der (110)-Lage von der Walzebene erzielt, die sich bereits bei Kippungen um einen Winkel von etwa 2° durch die neue Form der Pulverbilder (Spieße) deutlich abzeichnen (Abb. 15a). Mit zunehmender weiterer Kippung der betrachteten Gitterebene aus der Walzebene treten schon bei verhältnismäßig geringen Winkelbeträgen völlig anders geartete typische Linienmuster auf (Abb. 15b und c), wodurch die Abweichung der Orientierung von der Ideallage sehr exakt bestimmt werden kann.

Liegen (111)- oder höher indizierte Flächen parallel zur Walz- bzw. Schliffebene, so ist die Bestimmung der Kristallorientierung mittels Pulverbilder sehr schwierig, da kompliziertere Muster (sogenannte Labyrinthmuster) auftreten.

Diese Methode zur Bestimmung der Kristallorientierung wird einerseits dadurch erschwert, daß sie sehr stark auf Störungen des Kristallgitters, Oberflächenfehler usw. anspricht, andererseits besteht hierdurch auch eine Nachweismöglichkeit solcher Erscheinungen. Bei Löchern in der Oberfläche z. B. durch Ätzgruben werden die parallelen Bitterstreifen einer (110)-orientierten Probe durch neue Muster (Zipfel) unterbrochen (Abb. 16).

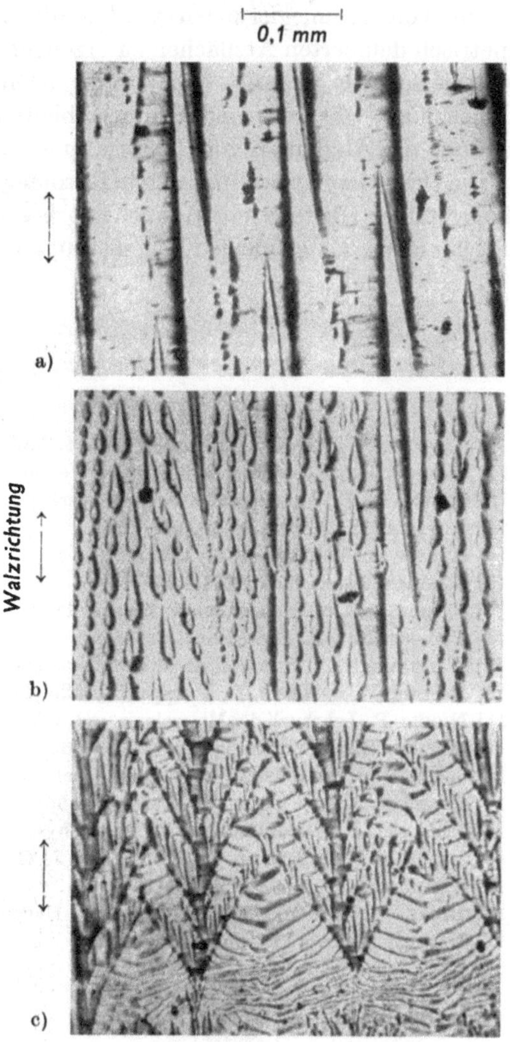

Abb. 15. Bitterstreifen auf Fe–Si. Neigung der (100)[100]-Ebene zur Walzebene bei
a) ca. 2° b) ca. 4° c) ca. 8,5°

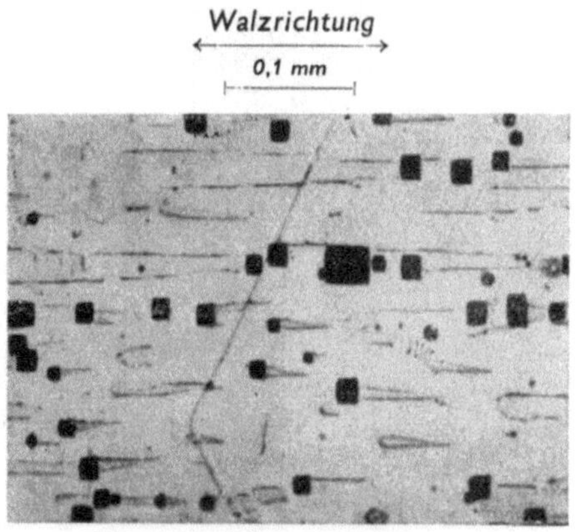

Abb. 16. Bitterstreifen durch Ätzfiguren gestört (Zipfelbildung)

Zusammenfassung

Die Kristallfigurenätzung wird als eine wertvolle Schnellmethode für halbquantitative Orientierungsbestimmungen beschrieben. Für eine

Reihe von Eisenlegierungen wurden die Ätzbedingungen angegeben, um Ätzfiguren mit geometrisch definierten Ätzflächen zu erzeugen. Die geometrischen Formen der Ätzfiguren lassen sich als Schnitte an den — dem jeweiligen Gittertyp zuzuordnenden — Grundkörpern (Rhombendodekaeder, Oktaeder und Kubus) ableiten. Weiterhin wurde auf die Abhängigkeit der Ausbildung der Ätzfiguren vom Material und vom Ätzmittel eingegangen.

Die Orientierungsbestimmung in ferromagnetischen Materialien durch Erzeugung sogenannter Pulverbilder (Bitterstreifen) erscheint besonders günstig zum raschen Nachweis geringer Abweichungen von den idealen Lagen (100) und (110) in Texturblechen.

Literatur

[1] Tammann, G., Lehrbuch d. Metallkunde. 4. Aufl. Verlag Voß, Leipzig 1932.
[2] Czochralski, J., Moderne Metallkunde, Verlag Springer, Berlin 1924, S. 51.
[3] Schumann, H., Metallografie. Fachbuchverlag, Leipzig 1958, S. 23.
[4] Kostron, H., Z. Metallk. **39** (1948) 333.
[5] Klemm, H., Metall **10** (1956) 1117.
[6] Kostron, H., Z. Metallk. **41** (1950) 370.
[7] Tammann, G. u. Müller, A., Z. Metallk. **18** (1926) 69.
[8] Tuchschmidt, H. E., Schweiz. Arch. angew. Wiss. Techn. **20** (1954) 382.
[9] Williams, H. J., Bozorth, R. M. u. Shockley, W., Phys. Rev. **75** (1949) 155.
[10] Paxton, W. u. Nilan, T., J. Appl. Phys. **26** (1955) 994.
[11] Niggli, P., Lehrbuch der Mineralogie und Kristallchemie. Verlag Gebr. Bornträger, Berlin 1941, S. 98.
[12] Müller, E., Z. Elektrochem. **37** (1933) 161.
[13] Mahl, H. u. Stranski, J. N., Z. phys. Chem. **51 B** (1942) 319.
[14] Politycki, A. u. Fischer, H., Z. Elektrochem. **56** (1952) 326. Metall **8** (1954) 173.
[15] Stranski, J. N. u. Kaischew, R., Ann. Phys. (5. Folge) **23** (1935) 330.
[16] Lacombe, P., Beaujard, L., J. Inst. Met. **74** (1948) 1.
[17] Vermilyea, D. A., Acta Met. **6** (1958) 381.
[18] Ribera, M. S. u. Matas, S. F., Rev. Inst. Hierro y Acero **6** (1953) 249.
[19] Néel, L., Cahiers Physique **25** (1944) 1.

Zur Messung der magnetischen Anisotropiekonstanten K und der Sättigungsmagnetostriktion λ_s

Von U. HOFMANN, Dresden

Einleitung

Die Eigenschaften ferromagnetischer Werkstoffe lassen sich bei geringen Strukturveränderungen in strukturunempfindliche — Sättigungsmagnetisierung I_s, magnetische Anisotropiekonstante K, Sättigungsmagnetostriktion λ_s, CURIE-Temperatur Θ — und in strukturempfindliche — Koerzitivfeldstärke H_c, Permeabilität μ und Hystereseverluste W_h — unterteilen. Auf die Struktur Einfluß nehmende Faktoren sind: chemische Zusammensetzung, Temperatur, Kristallorientierung, Spannungen, Beimengungen usw.

Ferromagnetische Werkstoffe bestehen aus Elementarbezirken mit der spontanen Magnetisierung I_s, die sich so anordnen, daß die freie Energie E ein Minimum bildet; dabei gilt:

$$E = E_K(K) + E_\gamma (K, \Theta, \lambda_s) + E_M (I_s) + E_\sigma (\lambda_s) + E_H (I_s), \qquad (1)$$

wobei E_K — magnetische Anisotropieenergie, E_γ — Wandenergie, E_M — Energie des entmagnetisierenden Feldes, E_σ — magnetoelastische Energie und E_H — potentielle Energie bedeuten. Die strukturunempfindlichen Größen bestimmen demnach die Anordnung der Elementarbezirke und somit den Magnetisierungsprozeß im Ferromagnetikum, dessen Anfangspermeabilität, maximale Permeabilität und Koerzitivfeldstärke z. B. optimale Werte annehmen, wenn K und λ_s gleichzeitig Null werden. Hieraus folgt für die Entwicklung weichmagnetischer Legierungen die Aufgabe, K und λ_s in Abhängigkeit von den erwähnten Faktoren zu messen und durch Variation dieser Faktoren Null werden zu lassen. Die strukturunempfindlichen Größen sind für die Theorie des Ferromagnetismus von fundamentaler Bedeutung.

Probekörper und ihre Herstellung

Anisotropiemessungen können an Einkristallkugeln und Magnetostriktionsmessungen an Einkristallscheiben durchgeführt werden. Kugeln (bei 10 mm Durchmesser auf $\pm$ 50 bis $\pm$ 10μm vorgedreht) lassen sich mit Hilfe zweier Kupferhohlkegel, von denen der eine, senkrecht in eine Bohrmaschine eingespannt, rotiert, während der andere von Hand aus gehalten und entsprechend geführt wird, leicht anfertigen. Das Schleifen der zwischen den Hohlkegeln befindlichen Kugel erfolgt mit Korund und Aluminiumoxyd. Nach dieser Bearbeitung liegt die Eindringtiefe der polykristallinen oder verformten Oberflächenschicht zwischen 10 und 50 μm. Durch wiederholtes Ätzen und vorsichtiges Polieren kann man diese Schicht abtragen und dann die Orientierung der Kugeln röntgenographisch bestimmen und sie, ohne Verlust des Einkristallcharakters, wärmebehandeln. Kleine K erfordern wegen des Formeffektes auch kleine absolute Fehler; er betrug $\pm$ 0,5 μm.

Scheiben mit vorgegebener Kristallorientierung lassen sich aus Einkristallen nach der Elektrofunkenmethode herausschneiden. Die Scheiben werden entsprechend bearbeitet und erhalten einen Durchmesser von $\approx$ 20 mm bei 2 bis 3 mm Dicke. Sie dürfen nicht zu dünn sein, damit sie sich mit dem Dehnungsmeßstreifen spannungsfrei dehnen können. Bei der Formgebung ist der auf die Magnetostriktion Einfluß nehmende Entmagnetisierungsfaktor zu berücksichtigen.

Magnetostriktionsmessungen mittels Dehnungsmeßstreifen

Dehnungsmeßstreifen verwandeln die durch magnetische Felder oder andere physikalische Einflüsse hervorgerufenen Längenänderungen (mechanische Größe) der Werkstoffe in Widerstandsänderungen (elektrische Größe), die man mit Meßbrücken bestimmt. Dehnungsmeßstreifen bestehen aus dünnen Widerstandsdrähten, die, in einem Papier-, Kunststoff- oder Zementträger eingebettet, mit dem entsprechenden Klebstoff auf jede ebene Fläche des zu untersuchenden Werkstoffes aufgeklebt werden können. Die kleinsten Abmessungen der Träger liegen in der Größenordnung $5 \times 10\ \text{mm}^2$; die Fläche der Meßgitter ist etwa um die Hälfte kleiner. Die Empfindlichkeit der Dehnungsmeßstreifen hängt nicht von ihren geometrischen Abmessungen ab, und sie lassen sich demzufolge für kleine Proben, wie das bei Einkristallen der Fall ist, sehr vorteilhaft verwenden. Außer bei Raumtemperatur finden Dehnungsmeßstreifen auch bei tiefen und hohen Temperaturen — bis zu 800 °C mit Hochtemperaturdehnungsmeßstreifen — Anwendung. Für diese und andere Zwecke ist die elektrische Übertragung der Dehnung angebrachter als die mechanische. Die Genauigkeit der Magnetostriktionsmessung beträgt $\pm$ 3 bis $\pm$ 5%.

Messungen wurden mit der in Abb. 1 angegbenen Wheatstoneschen Brückenschaltung durchgeführt. Für die relative Längenänderung $\Delta l/l_0$ oder Magnetostriktion λ gilt die Beziehung

$$\frac{\Delta l}{l_0} = \lambda = \frac{1}{k} \frac{\Delta R}{R}. \tag{2}$$

Der Widerstand eines Dehnungsmeßstreifens R (R_1, R_2, R_3, R_4) beträgt 10^2 bis $10^3\ \Omega$. ΔR ist die durch Δl hervorgerufene Widerstandsänderung von R. Der Dehnungsfaktor k, der den verschiedensten Einflüssen unterworfen ist, liegt zwischen 2,0 und 3,6. R' und R'' sind hochohmige Präzisionsdekadenwiderstände zum Nullabgleich. Dehnungsmeßstreifen kann man mit einem Meßstrom von 10 bis 20 mA belasten.

Für das Nullverfahren ($\Delta\alpha = 0$) ergeben sich die Beziehungen

$$\lambda = \frac{1}{k} \frac{R_1 \cdot \Delta R'}{R'^2 + \Delta R'(R' + R_1)} \tag{3}$$

und, da $R'^2 \gg \Delta R'(R' + R_1)$,

$$\lambda \cong \frac{1}{k} \frac{R_1 \cdot \Delta R'}{R'^2}. \tag{4}$$

Vor der mit einem Elektromagneten erzeugten Feldänderung wird die Brücke mit Hilfe von R'' oder / und R' abgeglichen und R' ermittelt. Nach der Feldänderung durch Ein- oder Ausschalten oder durch Drehung des Feldes um 90° — in diesem Falle muß man die Formeln (3) und (4) z. B. für die Längsmagnetostriktion mit dem Faktor $^2/_3$ multiplizieren — wird die Brücke mit Hilfe von R' wiederum abgeglichen und $\Delta R'$ ermittelt (beim Drehen um 90° entfällt der Einfluß der Textur). Da k und R_1 bekannt sind, folgt aus (3) oder (4) die zu messende Größe λ in Abhängigkeit von der Feldstärke.

Mit hochempfindlichen Galvanometern erreicht man eine Dehnungsempfindlichkeit von $\lambda \approx 10^{-7}$ mm/m. Photoelektrische Verstärker erhöhen die Empfindlichkeit auf $\lambda \approx 10^{-9}$ mm/m. Hierbei sind solche Störfaktoren wie geringste, zeitlich veränderliche

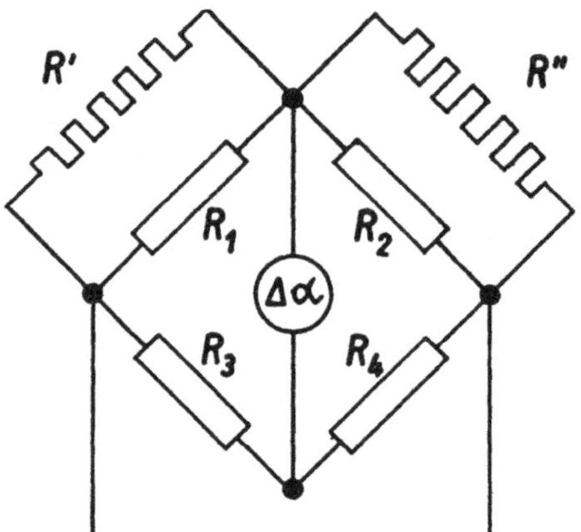

Abb. 1. Wheatstonesche Brückenschaltung

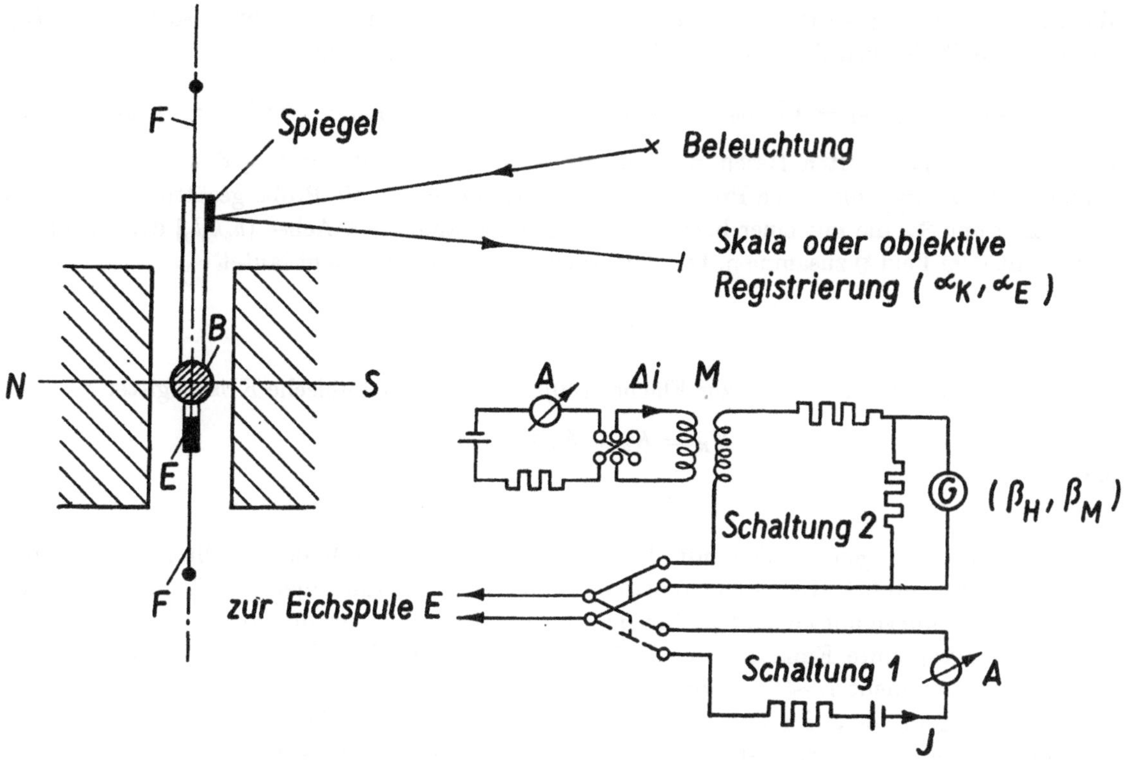

Abb. 2. Schematische Darstellung des Anisotropiemeßgerätes

Temperaturdifferenzen zwischen den Dehnungsmeßstreifen oder Probekörpern, Thermospannungen usw. besonders zu berücksichtigen, um einen konstanten Nullpunkt zu erhalten. Die vom Dehnungsmeßstreifen entwickelte Wärme dehnt die Probe. Das dadurch entstehende Kriechen des Nullpunktes läßt sich nur dann verhindern, wenn alle vier Brückenzweige denselben Bedingungen unterliegen und diesen Effekt ausgleichen. Deshalb befindet sich in jedem Brückenzweig ein Dehnungsmeßstreifen, dicht beieinander in einem Ölbad angeordnet, von denen ein oder zwei, auf den zu untersuchenden Werkstoff aufgeklebt, aktiv arbeiten, während die restlichen, auf neutrale Werkstoffe aufgeklebt, zur Kompensation der Störfaktoren dienen.

Anisotropiemessungen

Die freie magnetische Anisotropieenergie $E_K = f(\alpha)$ ist vom Richtungskosinus α_1, α_2 und α_3 des Magnetisierungsvektors $\mathfrak{J}_s$ abhängig. Sie läßt sich vorteilhafter durch die richtungsunabhängigen Anisotropiekonstanten K_1, K_2, ... darstellen. So gilt z. B. für das kubische Kristallgitter

$$E_K = K_0 + K_1 (\alpha_1^2 \alpha_2^2 + \alpha_2^2 \alpha_3^2 + \alpha_3^2 \alpha_1^2) + K_2 \alpha_1^2 \alpha_2^2 \alpha_3^2 + \cdots. \tag{5}$$

Es sei nun A_{hkl} die Magnetisierungsarbeit entlang der kristallographischen Richtung [hkl] im Feld $\mathfrak{H}$ oder

$$A_{hkl} = \int_0^{\mathfrak{J}_s} \mathfrak{H} d\mathfrak{J}. \tag{6}$$

Wird Arbeit nur gegen die Kräfte der magnetischen Anisotropie verrichtet, so ist $A = E_K$, und man erhält übersichtliche Beziehungen für die Anisotropiekonstanten

$$K_0 = A_{100}, K_1 = 4 (A_{110} - A_{100}), K_2 = 27 (A_{111} - A_{100}) - 36 (A_{110} - A_{100}). \quad (7)$$

Die Anisotropiekonstanten lassen sich weiterhin aus dem Drehmoment, das im homogenen Magnetfeld auf eine anisotrope Probe einwirkt, bestimmen. Ist die Probe gesättigt, so fällt die Magnetisierung $\mathfrak{J}_s$, die mit einer bestimmten kristallographischen Achse $[h_0k_0l_0]$ den Winkel Θ bildet, mit dem Feld $\mathfrak{H}$ zusammen. Der Ausdruck für das Drehmoment lautet

$$L = -\frac{dE_k}{d\Theta}. \quad (8)$$

Zum Beispiel gilt für das parallel zur Fläche (100) magnetisierte kubische Kristallgitter

$$E_K = K_0 + K_1 \sin^2 \Theta \cos^2 \Theta$$

und

$$L = -1/2\, K_1 \sin 4\,\Theta.$$

Anisotropiemessungen wurden mit dem in Abb. 2 schematisch dargestellten Anisotropiemeßgerät durchgeführt. Der Elektromagnet dreht sich (für die objektive Registrierung der Drehmomentenkurve mit einem Synchronmotor angetrieben) in der horizontalen Ebene um die orientiert eingespannte Einkristallkugel B. Das auf die Kugel im Feld von 10000 A/cm einwirkende Drehmoment $L \sim \alpha_K$ wird durch ein entgegengesetztes der elastischen Fäden F im Gleichgewicht gehalten und α_M über den mit der Kugel starr verbundenen Spiegel S in Abhängigkeit von Θ gemessen. Die vom Strom J durchflossene Eichspule E erzeugt im Feld $\mathfrak{H}$ ein elektrisches Drehmoment proportional α_E, das, dem magnetischen gleichgesetzt, die Meßanordnung eicht (Schaltung 1). Die Empfindlichkeit des Meßgerätes hängt von der Länge und vom Durchmesser der elastischen Fäden ab. Beim Herausdrehen der Eichspule aus dem Feld $\mathfrak{H}$ erhält man den ballistischen Ausschlag β_H. Die Stromänderung Δi durch die Gegeninduktivität M erzeugt den ballistischen Ausschlag β_M und eicht die Meßanordnung (Schaltung 2). Die Formel für Anisotropiemessungen an Kugeln mit dem Volumen V lautet demnach

$$L = -\frac{dE_k}{d\Theta} = \frac{1}{V} M \Delta i\, I \frac{\alpha_K}{\alpha_E} \frac{\beta_H}{\beta_M} \cdot 10^7 \text{ [erg/cm}^3\text{]}. \quad (9)$$

Die Genauigkeit der Messung liegt zwischen ± 2 bis $\pm 5\%$.

Schluß

Die Meßapparaturen wurden überprüft und für in Ordnung befunden. Es folgen systematische K- und λ-Messungen in Abhängigkeit von der chemischen Zusammensetzung, vom Werkstoffzustand und von der Temperatur.

Literatur

[1] Bozorth, R. M., Ferromagnetism. D. van Nostrand Company, Toronto/New York/London 1951.
[2] Pusei, I. M., Magnetische Anisotropiekonstante von Permalloy-Legierungen. Iswest. Akad. Nauk UdSSR, Ser. phys., 26 (1952) 549.
[3] Fink, K., u. Rohrbach, Ch., Handbuch der Spannungs- und Dehnungsmessung. VDI-Verlag, Düsseldorf 1958.
[4] Bozorth, R. M. u. Walker, J. G., Phys. Rev. 89 (1953) 624.

Spannungsempfindliche Magnetwerkstoffe und ihre Anwendung

Von H. Wich, Dresden

Mechanische Spannungen können über die Magnetostriktion maßgeblichen Einfluß auf die strukturempfindlichen magnetischen Eigenschaften gewinnen. Die Ausnutzung dieses magnetoelastischen Effektes zur Meßwertumformung bei Kraftmessungen ist seit längerer Zeit bekannt [1]. Fortschritte auf weichmagnetischem Gebiet haben zu Werkstoffen mit großer Empfindlichkeit gegenüber elastischen Spannungen geführt. Das theoretische Verständnis über die Zusammenhänge zwischen Spannungsempfindlichkeit und magnetischen Grundkonstanten ist durch weitere Arbeiten vertieft worden.

Im Zuge der Automatisierung und Rationalisierung, z. B. der Überwachung von Bunkern und Förderanlagen, der Kontrolle des Stoffflusses in metallurgischen Werken usw., erlangen magnetoelastische Meßwertumformer mit elektrischem Ausgang zunehmende Bedeutung und werden im folgenden behandelt.

Auf weitere Anwendungsmöglichkeiten spannungsempfindlicher Magnetwerkstoffe, wie die Herstellung spiralförmiger magnetischer Vorzugslagen an Drähten für Speicherzwecke der Nachrichtentechnik im Twistor und a. m., soll in den vorliegenden Ausführungen nicht eingegangen werden.

1. Einführung

Zur Erklärung des Einflusses elastischer Spannungen auf die magnetischen Eigenschaften ist es zweckmäßig, zunächst die Spannungswirkung auf einen Elementarbereich zu betrachten. Dieser ist stets bis zur Sättigungspolarisation J_s magnetisiert. Die Richtung des Vektors J_s wird bei Abwesenheit eines äußeren magnetischen Feldes H durch die Lage des Minimums der freien Energie festgelegt, die sich aus der Kristallenergie und der Spannungsenergie zusammensetzt [2].

Mit der Konstanten K und den Richtungskosinus α_i der magnetischen Polarisation J_s gegenüber den kristallographischen Achsen kann die Kristallenergie E_k für den vorliegenden Fall vereinfacht angegeben werden.

$$E_k = K\,(\alpha_1^2\alpha_2^2 + \alpha_2^2\alpha_3^2 + \alpha_3^2\alpha_1^2). \qquad (1)$$

Bei der Spannungsenergie E_σ ist die Magnetostriktion λ_s von großer Bedeutung.

$$E_\sigma = \frac{3}{2}\,\lambda_s \sigma \sin^2 \delta. \qquad (2)$$

Dabei ist δ der Winkel zwischen der Spannungsrichtung σ und der Polarisation J_s.

Für den Fall $E_\sigma > E_k$, d. h. überwiegender Spannungsenergie, werden sich bei den verschiedenen Spannungsarten und positiver Magnetostriktion magnetische Vorzugslagen nach dem vereinfachten Schema der Abb. 1 ausbilden. Die bei Einwirkung eines äußeren Feldes in Probenlängsrichtung auftretenden Hystereseschleifen lassen sich aus der entsprechenden Anordnung der Vorzugslagen unter Berücksichtigung der magnetischen Elementarvorgänge (Wandverschiebung und Drehung) erklären.

Für den Fall $E_\sigma < E_K$ läßt sich die Wirkung kleiner Spannungen auf die Ausrichtung der Elementarbezirke, d. h. die Spannungsempfindlichkeit S, quantitativ mit der folgenden Energiebilanz erfassen.

Neben den beiden oben genannten Richtenergien wird die Polarisation noch von der Feldenergie bestimmt. Sie gibt den Energiebetrag zur Drehung von J_s um den Winkel φ aus der Feldrichtung H an.

$$E_H = -J_s H \cos\varphi. \tag{3}$$

Die jeweilige Lage der magnetischen Polarisation unter den gegebenen äußeren Spannungsverhältnissen kann über die Richtung α, in der das Energieminimum liegt, ermittelt werden.

$$\frac{d(E_k + E_\sigma + E_H)}{d\alpha} = 0. \tag{4}$$

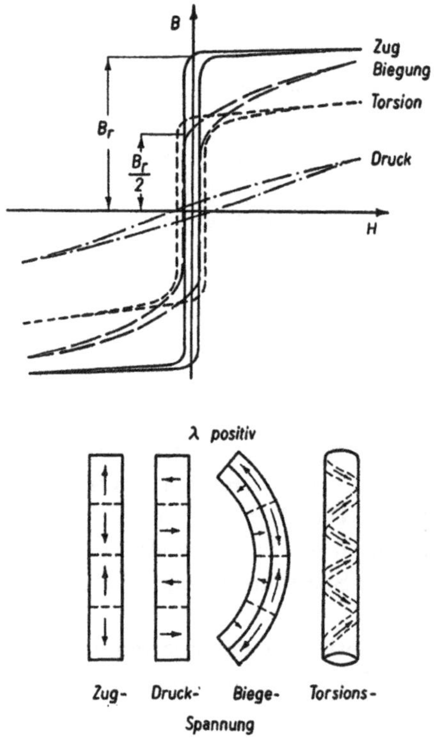

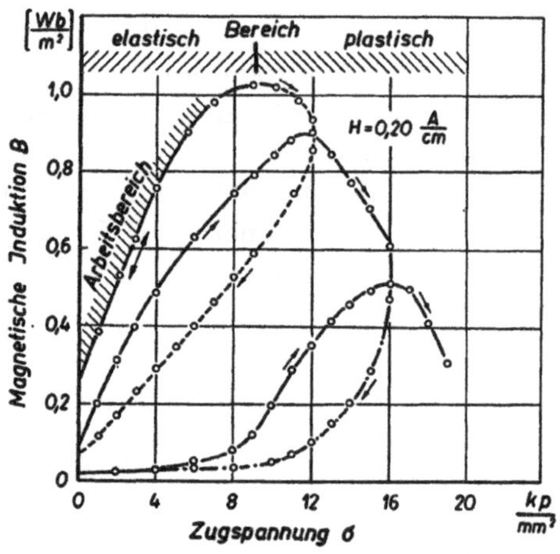

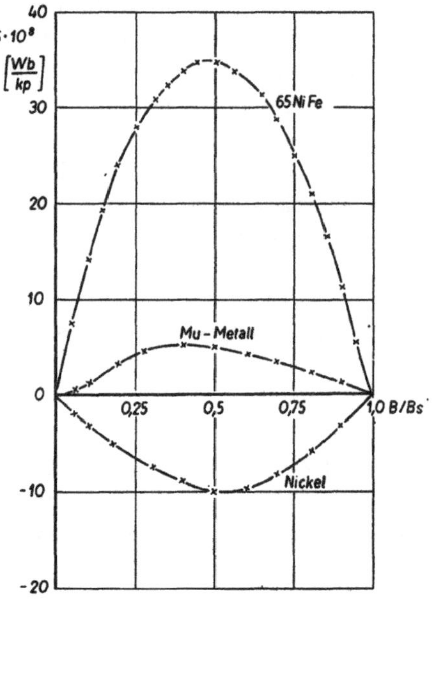

Abb. 1 (oben links). Spannungseinfluß auf Hystereseschleife und Schema der magnetischen Vorzugslagen

Abb. 2 (oben rechts). Irreversible Induktionsänderungen nach plastischer Verformung bei wiederholter Laständerung

Abb. 3 (nebenstehend). Spannungsempfindlichkeit verschiedener Magnetwerkstoffe und ihre Abhängigkeit von der Aussteuerung

Bozorth und Williams [3] gelangen auf diesem Wege zu einer Beziehung für die Spannungsempfindlichkeit S.

$$S = \frac{dB}{d\sigma} = \frac{3}{2}\,\frac{\lambda_s \cdot B_s}{K}\left(\frac{B_0}{B_s}\right)\left(1 - \frac{B_0^2}{B_s^2}\right) f. \qquad (5)$$

Dabei ist f ein von der Kristallorientierung abhängiger Faktor, der im Mittel etwa 1,5 beträgt. B_0 gibt die entsprechend der Vormagnetisierung erreichte Induktion bei $\sigma = 0$ an.

Die Spannungsempfindlichkeit wird also von den drei magnetischen Werkstoffgrößen

Kristallenergiekonstante K,
Sättigungsinduktion B_s und
Magnetostriktion λ_s

bestimmt. Die Faktoren mit B_0 geben nur die Abhängigkeit des Spannungseinflusses von der magnetischen Aussteuerung wieder. Für eine sehr kleine bzw. verschwindende Kristallenergiekonstante K gilt diese Beziehung nicht mehr. Die gemachten Annahmen treffen hier nicht mehr zu. In diesem Fall wird S durch die inneren Spannungen bestimmt, deren Mindestwert mit $\sigma_{i\,\min} = \lambda_s \cdot E$ anzunehmen ist. Dabei stellt E den Elastizitätsmodul dar.

Wird die angelegte Spannung bis über die Elastizitätsgrenze gesteigert, so treten plastische Deformationen auf. Die Induktionsänderungen verlaufen nicht mehr reversibel. Abb. 2 zeigt bei der benutzten Eisen-Nickel-Legierung mit 60% Ni bis zu etwa $\sigma = 9$ kg/mm² ein reversibles magnetoelastisches Verhalten.

Die Spannungserhöhung auf 12 kg/mm² überschreitet den elastischen Bereich und hat bei der nachfolgenden Lastabnahme einen wesentlich anderen Induktionsverlauf zur Folge. Die gleichen Erscheinungen werden bei weiterem Lastwechsel beobachtet.

2. Spannungsempfindliche Magnetwerkstoffe

Bei der Auswahl geeigneter weichmagnetischer Legierungen für magnetoelastische Zwecke ist nach Gleichung (5) die Aufmerksamkeit auf Werkstoffe mit großer Mangetostriktion und Sättigungsinduktion sowie kleiner Kristallenergie zu richten.

Legierungen auf der Basis Eisen-Nickel sind mit ihren besonderen weichmagnetischen Eigenschaften auch für magnetoelastische Anwendungen gut geeignet. Es zeigt sich aber, daß die permalloyartigen Legierungen (etwa 78% Nickel, Eisen und weitere Zusätze) mit hoher Permeabilität gegenüber Nickel–Eisen-Legierungen mit etwa 60... 65% Ni in der Spannungsempfindlichkeit erheblich zurückstehen. Hochpermeable Werkstoffe sind jedoch äußerst empfindlich für mechanische Spannungen, die zu plastischer Verformung führen.

Eine weitere Betrachtung magnetischer Grundkonstanten anderer Legierungssysteme führt zu Werkstoffen, die nach den theoretischen Überlegungen ebenfalls eine hohe Spannungsempfindlichkeit besitzen sollten. Fe–Al-Legierungen mit etwa 12% Al und Fe–Co-Legierungen mit etwa 50% Co zeichnen sich besonders durch kleine Kristallenergie und große Magnetostriktion aus.

Eine Abschätzung nach Gleichung (5) führt zu folgenden maximalen Spannungsempfindlichkeiten $S_{\max}$:

Werkstoff:	Fe–Ni-Legierung 65% Ni	Fe–Al-Legierung 12% Al	Fe–Co-Legierung 50% Co
$S_{\max} \times 10^8$ in Wb/kp:	34	30	25

Wegen der sehr kleinen Kristallenergie bei der Eisen-Nickel-Legierung müssen dabei die magnetostriktiven Eigenspannungen berücksichtigt werden. Bei gut ausgeglühten Proben konnten diese Werte auch experimentell nahezu erreicht werden.

Unabhängig von der chemischen Zusammensetzung hängt die Spannungsempfindlichkeit noch von der magnetischen Aussteuerung B_0 ab. Bei hohen Feldern in der Nähe der Sättigung $B_0 = B_s$ ist kein nennenswerter Spannungseinfluß zu erreichen, da die Richtung des magnetischen Polarisationsvektors durch die starke Feldenergie allein bestimmt wird.

Größte Spannungsempfindlichkeit wird bei einer magnetischen Aussteuerung B_0 bis etwa zur halben Sättigungsinduktion erzielt. Die für maximale Spannungsempfindlichkeit S_{max} notwendige Aussteuerung B_0 folgt aus der Beziehung (5) mit Hilfe der Gleichung $dS/dB = 0$.

$$B_0 = \frac{\sqrt{3}}{3} B_s \approx 0{,}58\, B_s. \tag{6}$$

Das ist verständlich, da näherungsweise bei diesen Induktionen im allgemeinen auch die Maximalpermeabilität auftritt.

Aus Abb. 3 geht sowohl die Abhängigkeit der Spannungsempfindlichkeit von der magnetischen Aussteuerung B_0 als auch von der chemischen Zusammensetzung des Werkstoffes hervor.

Zur Erreichung der Werte für die mechanische Spannungsempfindlichkeit muß besonders bei FeAl- und FeCo-Legierungen auf die spezielle Wärmebehandlung geachtet werden. Allein mit verschiedenen Abkühlungsbedingungen läßt sich die Empfindlichkeit bei FeAl-Legierungen um den Faktor 4 ändern.

3. Magnetoelastische Meßkörper

Beim Übergang vom physikalischen Effekt zum mechanisch-elektrischen Meßwertumformer treten neue, nicht zu vernachlässigende Faktoren auf. Die Magnetisierung erfolgt, um die Vorteile der elektrischen Anzeige auszunutzen, im magnetischen Wechselfeld. Für statische und quasistatische Kraftmessungen reichen 50 Hz aus. Für veränderliche Vorgänge sind jedoch auch höhere Trägerfrequenzen erforderlich. Die statische Spannungsempfindlichkeit S wird durch die unvermeidlichen, im Wechselfeld auftretenden Wirbelströme verringert.

Abb. 4. Magnetische Druckmeßdosen aus einer Eisen–Aluminium-Legierung mit und ohne Deckel (Meßbereich 1 Mp)

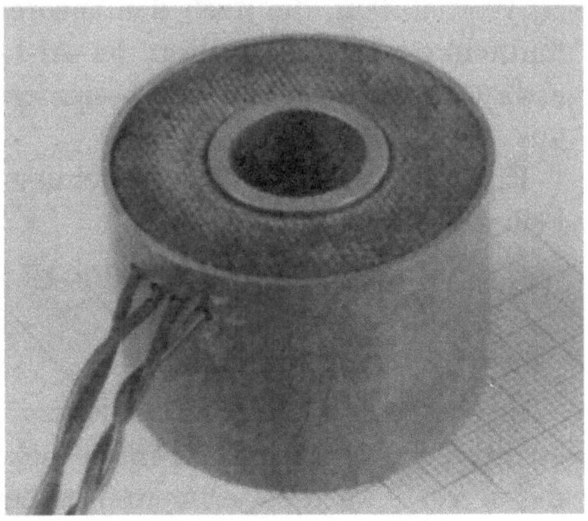

Wirbelstromeinfluß

Infolge der induzierten Wirbelströme im Meßkörper durchsetzt der Magnetfluß den Querschnitt nicht mehr gleichmäßig, er wird gegen die Oberfläche (Rand) verdrängt. Die den Wirbelstromeinfluß charakterisierende Eindringtiefe

$$d = \frac{1}{a} \sqrt{\frac{\varrho}{\pi f \mu}}$$

zeigt, daß der spezifische Widerstand ϱ möglichst groß und die Wandstärke a des Meßkörpers möglichst klein gemacht werden müssen, um eine große Eindringtiefe des Magnetfeldes zu erreichen. Die Permeabilität μ und die Frequenz f können praktisch nicht verändert werden. Wenn man von einer Lamellierung des Kernes absieht, ist auch die Wandstärke a durch den Kraftmeßbereich festgelegt. Eine Lamellierung des Meßkörpers führt bei größerem Herstellungsaufwand zu Schwierigkeiten hinsichtlich einer homogenen Spannungsverteilung.

Schließlich bleibt noch die Forderung nach einem großen spezifischen Widerstand des spannungsempfindlichen Werkstoffes übrig. Der Einsatz von Ferriten mit ihrer um mehrere Größenordnungen kleineren Leitfähigkeit gegenüber metallischen Werkstoffen scheint vorteilhaft. Leider wirkt sich die mechanische Bruchempfindlichkeit, die schon bei geringen Belastungen auftritt, sehr störend aus.

Betrachtet man die untersuchten metallischen Magnetwerkstoffe auf ihren spezifischen Widerstand, so fällt besonders die Fe–Al-Legierung mit dem ungewöhnlich hohen ϱ-Wert auf. An einer Serie von gleichartigen Druckmeßkörpern aus verschiedenen Werkstoffen wurde unter gleichen Bedingungen die jeweils größte elektrische Spannungsänderung bei konstanter Laständerung festgestellt. Die nachstehende Tabelle gibt die Ergebnisse wieder, wobei die elektrische Spannungsänderung bei der Fe–Al-Meßdose gleich 100% gesetzt worden ist. Die Frequenz betrug 50 Hz. In den Spannungsänderungen an der Meßkörperwicklung drücken sich sowohl der Wirbelstromeinfluß als auch die Spannungsempfindlichkeit aus.

Werkstoff:	Fe–Ni-Leg.	Fe–Al-Leg.	Fe–Co-Leg.	Mu-Metall
Spez. Widerstand $\Omega \cdot mm^2/m$:	0,28	1,20	0,25	0,55
Relat. elektr. Spannungsänderung %:	68	100	54	29

Die FeAl-Legierung zeigt sich allen anderen Werkstoffen klar überlegen.

Herstellung der Meßkörper

Für die einwandfreie Funktion der Meßeinrichtung ist die geeignete konstruktive Ausbildung des Meßkörpers von großer Bedeutung. Die Dimensionierung des wirksamen Querschnittes wird durch die maximale Last und die Streckgrenze (5 ... 10 kp/mm²) des Werkstoffes bestimmt. Eine plastische Verformung muß unter allen Umständen vermieden werden (s. Abb. 2). Die äußere Form kann dem Anwendungszweck angepaßt werden. Allgemein kommen zylindrische Probenkörper in Frage, wie sie Abb. 4 zeigt.

Die Herstellung erfolgt entweder durch mechanische Bearbeitung oder nach dem Genaugußverfahren. Besonders bei den spröden Fe–Al-Legierungen ist die Herstellung im Genauguß sehr vorteilhaft.

Die Meßdose kann als eine Drosselspule bzw. als ein Übertrager (bei zwei getrennten Wicklungen) mit geschlossenem Eisenkern angesehen werden. Es ist wichtig, daß dieser Magnetkreis so geschlossen wie möglich ausgeführt wird und keine zusätzlichen Luftspalte (Trennfläche zwischen Deckel und Meßkörper) auftreten. Andernfalls ändert sich die wirk-

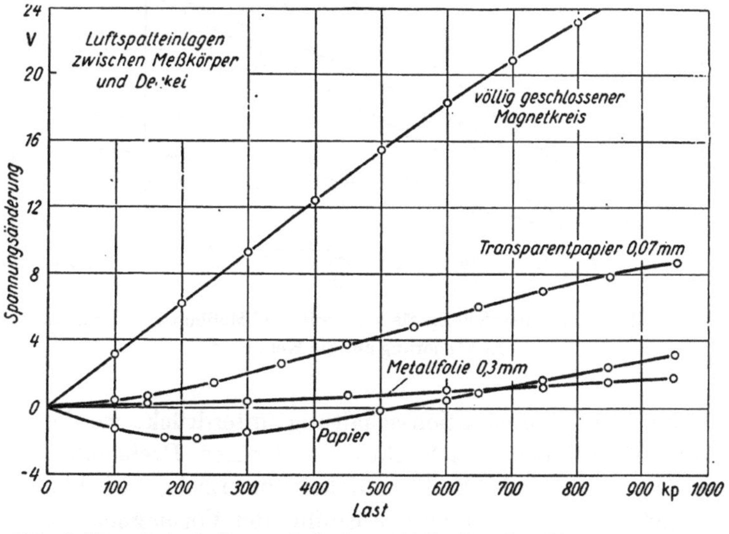

Abb. 5. Kennlinienänderung bei einer 800-kp-Druckmeßdose infolge Luftspaltänderung

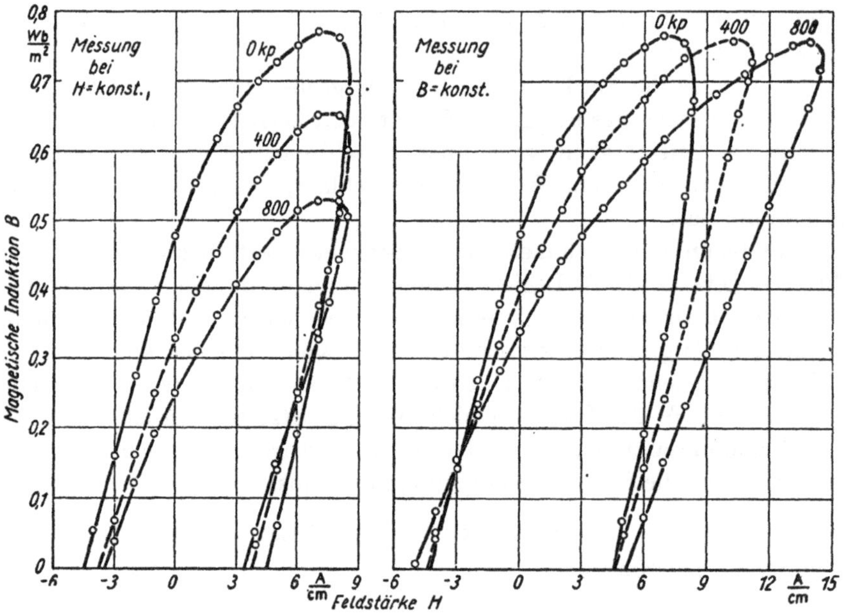

Abb. 6. Hystereseschleifen (50 Hz) einer 1-Mp-Meßdose bei verschiedener Last

same Luftspaltlänge mit steigender Belastung und damit auch die Kennlinie der Meßdose, wie aus Abb. 5 ersichtlich. Diese Fehler fallen besonders durch negative Spannungsänderungen bei geringer Belastung sehr stark auf. Weiterhin ist stets dafür zu sorgen, daß der Kraftangriff senkrecht erfolgt und eine homogene Spannungsverteilung im Meßkörper erreicht wird.

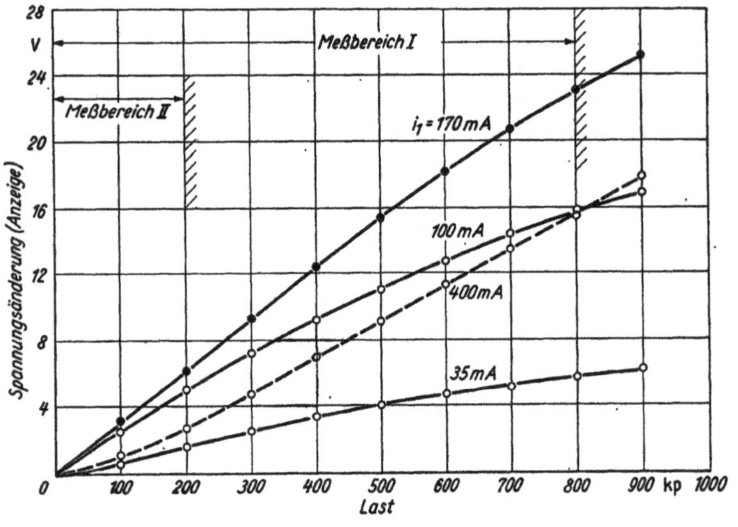

Abb. 7. Kennlinie einer 800-kp-Meßdose mit zwei Meßbereichen. Einfluß der Aussteuerung auf die Kennlinie

Zur Anzeige können grundsätzlich alle elektrischen Größen, die mit der magnetischen Induktion oder Feldstärke verknüpft sind, herangezogen werden: Scheinwiderstandsänderung, Änderung der Sekundärspannung (Übertragerprinzip) oder des Primärstromes [4]. Größte Meßeffekte treten dann auf, wenn nach Abb. 6 entweder die Feldstärke oder die Induktion je nach der benutzten Anzeige-Schaltung konstant gehalten wird. Da nur die Änderungen interessieren, muß die Ausgangsgröße bei $\sigma = 0$ durch eine Kompensationsschaltung unterdrückt werden. Die Anzeige erfolgt ohne jegliche Verstärkung nach Gleichrichtung mit einem Drehspulinstrument. Um auch bei kleineren Belastungen eine hohe Meßgenauigkeit zu erzielen, wird die Anzeige in zwei oder mehrere Meßbereiche unterteilt. Der große Einfluß der Vormagnetisierung B_0/B_s bzw. des Erregerstromes i_1 auf die Empfindlichkeit geht aus Abb. 7 hervor. Eine schwache Abhängigkeit der Linearität der Kennlinie vom Erregerstrom ist ebenfalls zu erkennen.

Eigenschaften

Magnetische Meßdosen gestatten nahezu weglose Kraftmessungen und sind daher besonders für den Einbau in „kraftstarre Leitungen" geeignet. Die auftretenden Längenänderungen liegen in der Größenordnung von 10^{-3} mm.

Die Kennlinien magneto-elastischer Meßdosen zeigen bis zu mittleren Belastungen einen völlig linearen Verlauf. Erst bei höchsten Belastungen wird die Kennlinie gekrümmt, wie Abb. 7 für Lasten über 500 kp zeigt. Der Meßbereich kann jedoch entsprechend dem linearen Teil gewählt werden.

Die bei Lastwechsel festgestellten Hystereseerscheinungen liegen unter 0,5%, während die Meßgenauigkeit der gesamten Einrichtung etwa 1,5% beträgt. Die magnetischen Meßdosen zeichnen sich weiterhin durch geringen Temperatureinfluß und gute Korrosionsbeständigkeit aus. Im Raumtemperaturbereich werden z. B. Temperaturfehler von 0,4% je 10 grd für Fe–Al-Legierungen ohne Kompensation festgestellt. Der thermische Ausdehnungskoeffizient beträgt $9 \cdot 10^{-6}$. Durch die große Anpassungsfähigkeit bei geringstem Aufwand und die sichere Arbeitsweise auch unter ungünstigen Betriebsverhältnissen ergeben sich vorteilhafte Einsatzmöglichkeiten.

Literatur

[1] Janovsky, W., Z. techn. Phys. 14 (1933) 466. Merz, L. u. Scharwächter, H., ATM 132 (1937) 15.
[2] Becker, R. u. Döring, W., Ferromagnetismus. Berlin 1939, S. 101.
[3] Bozorth, R. u. Williams, H., Rev. Mod. Phys. 17 (1945) 1.
[4] Engl, W., Siemens-Z. (1955) 219.

Widerstandsverhalten einer als Präzisionswiderstand geeigneten Legierung auf Ni–Cr-Basis

Von A. Hentsch, Dresden

Für technische Belange kann die Temperaturabhängigkeit des elektrischen Widerstandes von reinen Metallen und Legierungen durch die Gleichung $R_t = R_0\,(1 + \eta\,(t - t_0))$ beschrieben werden. Hierin bedeutet R_t den Widerstand bei der Temperatur t, R_0 den Widerstand bei der Ausgangstemperatur t_0; η ist im allgemeinen ein positiver Faktor, der als Temperaturkoeffizient des elektrischen Widerstandes bezeichnet wird und die Dimension 1/°C besitzt. Die angegebene Gleichung stellt keine physikalische Besonderheit dar, sondern ist nur der Anfang einer Taylor-Reihe, indem jede stetige Funktion durch eine Potenzreihe dargestellt werden kann. Mit Hilfe dieser Gleichung gelingt es zumeist, den Widerstand über Temperaturbereiche von mehreren 100 grd unter Benutzung eines konstanten Mittelwertes von η mit genügender Genauigkeit zu berechnen. Weicht das Schaubild der Widerstandstemperaturkurve merklich von einer Geraden ab, so kann man die angegebene Gleichung weiterhin als richtig ansehen, indem man η als eine von t abhängige Funktion ansieht, oder man ändert unter Beibehaltung eines konstanten η-Wertes die Gleichung durch Hinzufügen eines quadratischen Korrekturgliedes von der Form $\varepsilon(t - t_0)^2$ ab. Sofern vorausgesetzt wird, daß die zu prüfenden Werkstoffe im Untersuchungsbereich keine Umbildung erfahren, wie Strukturänderung, Erholung, Rekristallisation, Änderung der magnetischen Eigenschaften, nimmt im allgemeinen der Widerstand mit der Temperatur zu.

Im Gegensatz hierzu weisen jedoch die Widerstand-Temperatur-Kurven zahlreicher technisch wichtiger Werkstoffe einen S-förmigen Verlauf auf. Die oben angegebene Gleichung zur Berechnung der Temperaturabhängigkeit des Widerstands ist deshalb für diese Werkstoffe nur in einem relativ kleinen Temperaturbereich gültig. Dieses anomale Verhalten, das vor allem von Thomas [1] mit Nachdruck hervorgehoben wurde, wurde von Thomas auf das Auftreten eines hypothetischen K-Zustandes zurückgeführt. Es soll im folgenden nicht auf den K-Zustand im allgemeinen und auf seine Deutung eingegangen werden, statt dessen soll an Hand eines Beispiels die praktische Bedeutung der genannten Anomalie hinsichtlich der Herstellung von Präzisionswiderständen dargestellt werden.

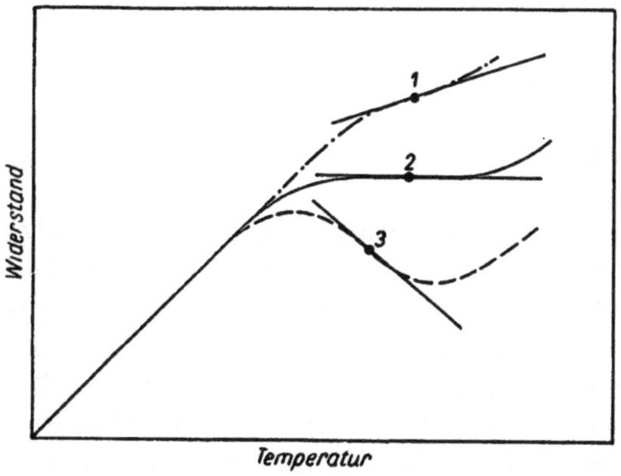

Abb. 1. Schematische Darstellung der Widerstand-Temperatur-Kurven von drei verschiedenen Legierungen mit K-Zustand

Bei der Ausbildung der anomalen S-förmigen Widerstand-Temperatur-Kurve sind grundsätzlich drei verschiedene Möglichkeiten denkbar, die beistehend in einem schematischen Diagramm (Abb. 1) zusammengestellt werden sollen. Alle drei Kurven sollen zunächst im unteren Temperaturbereich den gleichen Verlauf haben. Bei höheren Temperaturen hat die Kurve *1* einen schwach S-förmig gekrümmten Verlauf. Sie besitzt damit einen Wendepunkt. Infolge des positiven Wertes der Wendepunkttangente kommt es jedoch nicht zur Ausbildung eines Extremwertes. Der Verlauf der Kurve *2* ist dadurch gekennzeichnet, daß die Wendepunkttangente parallel zur Temperatur-Abszissenachse verläuft. Es bildet sich daher kein eigentlicher Extremwert aus, indem Maximum und Minimum in dem Wendepunkt ineinander übergehen. Im Fall der Kurve *3* wird schließlich durch das Auftreten einer negativen Wendepunkttangente das Auftreten eines Maximums und Minimums im Kurvenverlauf bedingt. Derartige Kurven werden u. a. beim Aufnehmen von Widerstand-Temperatur-Kurven von Ni–Cr-Legierungen mit verschiedenen Zusammensetzungen erhalten.

Präzisionswiderstandswerkstoffe müssen der Anforderung entsprechen, daß sie innerhalb des vorgesehenen Temperatur-Anwendungsbereiches einen nahezu unveränderlichen Widerstand besitzen. Betrachtet man die drei skizzierten Kurventypen, so erscheinen Werkstoffe mit einem Temperaturverhalten nach Art der Kurve *2* besonders geeignet. Aber auch Werkstoffe, deren Widerstand sich in Form der Kurve *3* ändert, können für Präzisionswiderstände herangezogen werden, sofern ihr Temperaturanwendungsbereich in unmittelbarer Nähe der Extremwerte liegt und die Kurve im Extrembereich eine genügend schwache Krümmung aufweist. Im Fall des Manganins, das bevorzugt als Präzisionswiderstandswerkstoff herangezogen wird, wird bekanntlich im Bereich des Maximums gearbeitet. Die Cu-Legierungen nach Art des Manganins haben für spezielle Zwecke den Nachteil, daß ihr spezifischer Widerstand relativ niedrig ist.

Es sind jedoch auch Reihen von anderen Legierungen mit höheren spezifischen Widerständen und mit *K*-Zustand bekannt. Sie werden u. a. auf der Basis Ni–Cr, Ni–Al, Ni–Mo, Ni–Fe–Cr, Fe–Al, Fe–Si, Fe–Cr–Al erstellt. Für ihren Einsatz als Werkstoff für Präzisionswiderstände ist allerdings zunächst bedauerlich, daß die Extremwertbereiche ihres Widerstandes vielfach nicht in unmittelbarer Nähe der Raumtemperatur liegen.

Die Brauchbarkeit dieser Legierungen für Präzisionswiderstandswerkstoffe setzt eine geeignete Wärmebehandlung voraus, wobei sich ein abweichendes Widerstandsverhalten gegenüber dem Normalfall herausstellt. Wird ein Werkstoff von hoher Temperatur, z. B. 800 °C, abgeschreckt, so bilden sich Versetzungen aus, welche ihren sichtbaren Ausdruck durch einen erhöhten Widerstand bei Raumtemperatur finden. Durch Anlassen bei relativ niedrigen Temperaturen, z. B. 400 °C, und folgendem Abkühlen gelingt es, diesen erhöhten Widerstand herabzusetzen. Werkstoffe mit *K*-Zustand zeigen das entgegengesetzte Verhalten. Nach Abschrecken von hohen Temperaturen weisen sie bei Raumtemperatur einen relativ niedrigen Widerstand auf, welcher durch darauffolgendes Anlassen erhöht wird. Auf diese Weise besteht demnach die Möglichkeit, den Unterschied zwischen dem Widerstand bei Raumtemperatur und bei erhöhter Temperatur zu verringern und damit den Temperaturkoeffizienten des elektrischen Widerstands herunterzusetzen.

Es zeigt sich dabei, daß bei Ni–Cr-Legierungen, welche zumeist hierauf untersucht wurden, der damit erhaltene Temperaturkoeffizient noch zu hoch liegt, um diese Legierungen für Präzisionswiderstände einzusetzen, da für derartige Zwecke ein Wert von $\eta < 2{,}5 \cdot 10^{-5}$/°C verlangt wird.

Es wurde deshalb einer Arbeit von Arnold [2] besondere Beachtung geschenkt, in der über den Einsatz einer Legierung mit 73% Ni, 21% Cr, 2% Al und 2% Cu berichtet wurde, welche nach geeigneter Wärmebehandlung als Präzisionswiderstand benutzt werden kann. Diese Legierung hat den handelsüblichen Namen Evanohm. Eine ähnliche Legierung, bei welcher der Cu-Gehalt durch Fe ersetzt ist, wird unter dem Namen Karma geliefert. Die angegebenen Zusammensetzungen wurden nur zu 98% genannt. Die restlichen 2% wurden als „andere Metalle“ bezeichnet. Es wurde angenommen, daß diese „anderen Metalle“ zur Desoxydation und zur Verbesserung der Duktilität hinzugefügt wurden. Deshalb wurde bei den vorliegenden Untersuchungen der 2% Rest von Mn gestellt. In der vorliegenden Arbeit wurde eine Evanohm-ähnliche Legierung untersucht.

Es ist bekannt, daß sich Ni–Cr-Legierungen schwer verarbeiten lassen. Das gleiche gilt von der vorliegenden Legierung. Beim Einhalten einer als geeignet erkannten Technologie ist es jedoch möglich, ohne größeren Ausfall den Werkstoff durch Walzen oder Strangpressen zu verarbeiten. Das Ziehen zu Drähten auf Durchmesser bis in eine Größenordnung von 0,03 mm bereitet keine Schwierigkeiten.

Für die Untersuchungen, über die im folgenden berichtet wird, lagen die Werkstoffe in Form von Drähten mit 0,45 mm ⌀ vor. Der an der Legierung gemessene spezifische Widerstand lag in der Größenordnung von 1,1—1,2 Ω mm²/m.

Der Draht wurde zunächst einer $^1/_2$stündigen Wärmebehandlung bei 1000 °C in Luft unterzogen und darauf in Wasser abgeschreckt. Anschließend erfolgte die Bestimmung der Widerstandsänderung in einem Temperaturbereich von Raumtemperatur bis ca. 1000 °C. Das Aufheizen erfolgte mit einer Geschwindigkeit von 5 °C/min in einer N_2-Atmosphäre, um ein Oxydieren zu vermeiden. Die festgestellten Ergebnisse sind in der Abb. 2 zusammengestellt, wobei sich die eingangs erwähnte *S*-förmige Kurve ergibt. Die Abkühlung von 1000° erfolgte ebenfalls mit einer Geschwindigkeit von 5 °C/min. Wie Abb. 2 erkennen läßt, ergeben sich im Temperaturbereich von 1000 bis 700° beim Abkühlen etwa dieselben Widerstandswerte wie beim Aufheizen. Von einer Temperatur von etwa 700° ab biegt die Widerstandsabkühlungskurve gegenüber der Aufheizkurve nach oben ab, bis bei ca. 450° ein Maximum des Widerstands erreicht ist. Von dieser Temperatur fällt der Widerstand relativ flach bis auf Raumtemperatur ab. Ergänzend hierzu wurde ebenfalls die Aufheizkurve und Abkühlungskurve einer von 1000 °C langsam im Ofen erkalteten Legierungsprobe aufgenommen, welche beim Aufheizen einen wesentlich flacheren Verlauf der Temperaturkurve infolge Vorliegen des *K*-Zustandes zeigt. Die Auswertung ergibt, daß der Temperaturbeiwert in den flachen Kurvenbereichen um Raumtemperatur einen Temperaturkoeffizienten $\eta \sim 4 \cdot 10^{-5}$/°C aufweist. Die Forderung $\eta < 2{,}5 \cdot 10^{-5}$, welche für Präzisionswiderstände erhoben wird, wird demnach noch nicht erfüllt. Ergänzend zu den Kurven sei bemerkt, daß nach mehrfachem Aufheizen und Abkühlen eine abgeflachte *S*-Kurve erhalten wird, die angenähert der gezeigten Abkühlungskurve entspricht, wobei dann jedoch die Aufheizkurve mit der Abkühlungskurve zusammenfällt. Die mitgeteilten Ergebnisse sind mit den bekannten Eigenschaften der *K*-Zustands-Legierungen in Einklang zu bringen. Das gleiche gilt

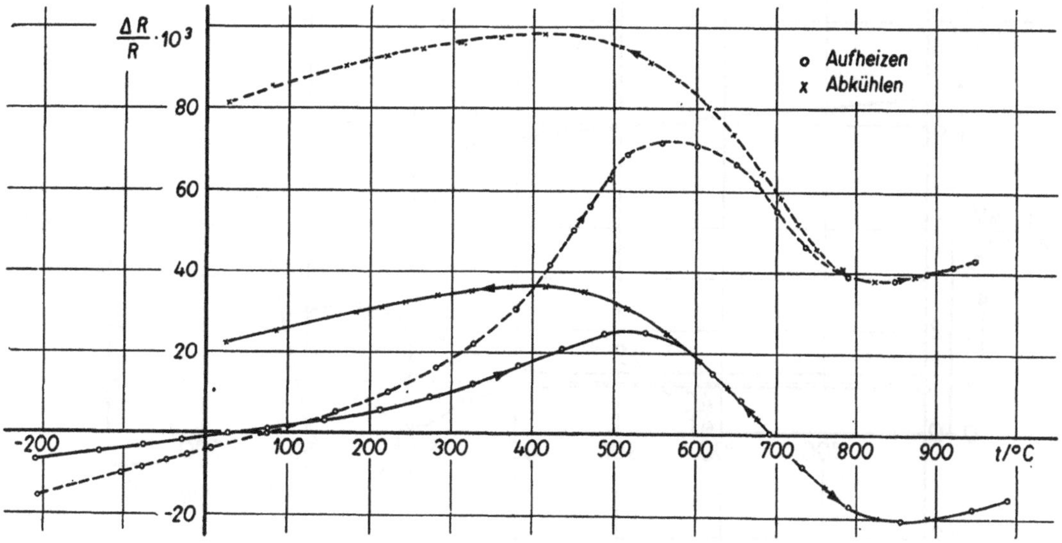

Abb. 2. Widerstandsänderung in Abhängigkeit von der Temperatur

Behandlung: 1000 °C; $^1/_2$ h in Luft. ---- nach Abschrecken; ——— nach Ofenabkühlung

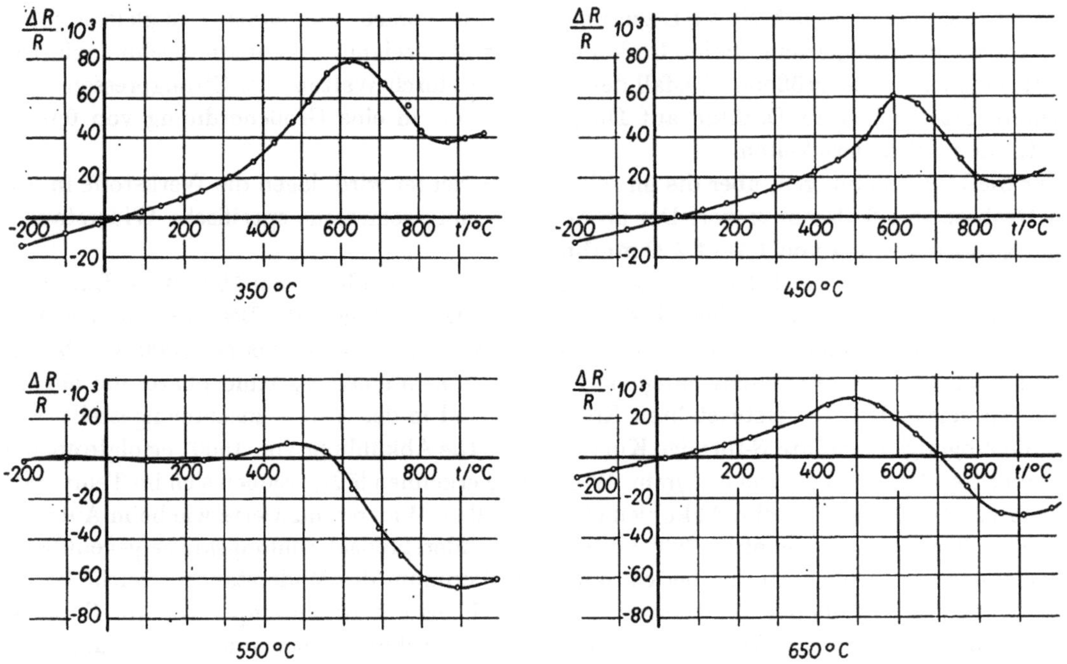

Abb. 3. Widerstandsänderung 0315 (1000 °C; $^1/_2$ h Luft; abgeschreckt) in Abhängigkeit von der Temperatur nach verschiedenem 4stündigem Anlassen

zunächst auch für die Anlaßversuche, worüber die Kurven in Abb. 3 Auskunft geben. Es wurde dabei die Legierung $^1/_2$ h bei 1000° geglüht und anschließend abgeschreckt. Darauf erfolgte ein 4stündiges Anlassen bei 350°, 450°, 550° und 650 °C, worauf wiederum die Widerstand-Temperatur-Kurve von Raumtemperatur oder — genauer gesagt — die Widerstandsänderungen aufgenommen wurden. Die Widerstand-Temperatur-Kurve der bei 350° angelassenen Probe ändert

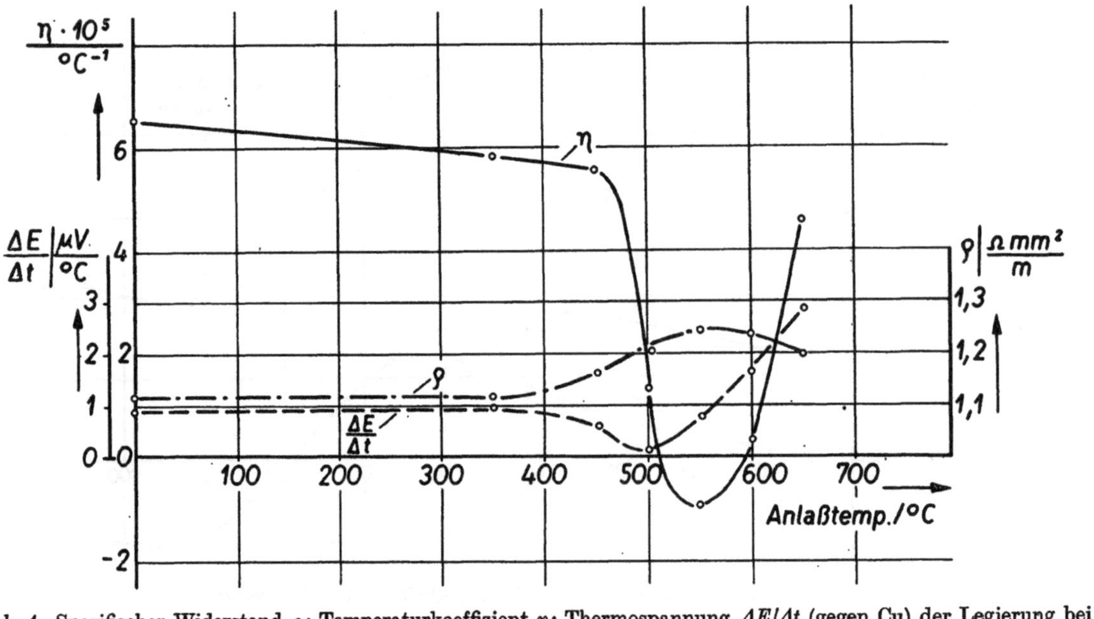

Abb. 4. Spezifischer Widerstand ϱ; Temperaturkoeffizient η; Thermospannung $\Delta E/\Delta t$ (gegen Cu) der Legierung bei verschiedener Anlaßbehandlung

sich nur wenig gegenüber der Aufheizkurve der abgeschreckten Probe. Durch das Anlassen bei 450° C tritt — wie zu erwarten — eine deutliche Abflachung der entsprechenden Kurve ein. Nach 4stündigem Anlassen bei 550° konnte jedoch bei der Aufheizkurve in Umgebung der Raumtemperatur ein verschwindender und teilweise sogar negativer Temperaturkoeffizient des Widerstands festgestellt werden, der sich in allen angestellten Versuchen als reproduzierbar herausstellte. Diese auffällige Erscheinung dürfte aus dem Rahmen der bisher bekannten Eigenschaften der *K*-Zustands-Legierungen herausfallen. Eine Deutung der Erscheinung steht noch aus. Bei der höheren Anlaßtemperatur von 650° wird wiederum ein Ansteigen des Temperaturkoeffizienten in der Umgebung der Raumtemperatur festgestellt.

Abb. 4 zeigt noch einmal übersichtlich die ermittelten Temperaturbeiwerte bei Raumtemperatur in Abhängigkeit von der Anlaßtemperatur bei 4stündiger Anlaßdauer. In Abb. 4 wurde gleichzeitig der spezifische Widerstand bei Raumtemperatur in Abhängigkeit von den jeweiligen Anlaßtemperaturen aufgenommen. Es zeigt sich, daß dem Minimalwert des Temperaturkoeffizienten mit einiger Annäherung ein Maximalwert des spezifischen Widerstands entspricht. Gleichzeitig wurde die Thermokraft der Legierung gegenüber Cu in Abhängigkeit von der Anlaßtemperatur aufgenommen, da die Beglaubigungsvorschriften für Präzisionswiderstandslegierungen eine Thermokraft gegen Cu von höchstens $1 \cdot 10^{-5}$ V/°C bei Raumtemperatur zulassen. Man sieht, daß auch in dieser Hinsicht die Legierung den Anforderungen entspricht.

Die mitgeteilten Untersuchungen sind damit natürlich nicht abgeschlossen, sondern sollen im Gegenteil den Anfang einer Forschungsarbeit bilden, bei der die Eigenschaften des *K*-Zustandes an anderen ähnlichen Legierungen untersucht werden sollen. Dabei wird neben dem Einfluß der Wärmebehandlung auf den Widerstand natürlich auch der Einfluß der Kaltverformung berücksichtigt werden. Es sind weiterhin u. a. Untersuchungen der Hall-Spannung usw. vorgesehen.

Die untersuchte Legierung dürfte von technischem Interesse sein, und es dürfte deshalb auch von diesem Standpunkt eine Untersuchung lohnend erscheinen. Die bisherigen Untersuchungen zeigen, daß der Temperaturanwendungsbereich der Legierung mehr als 100° beträgt gegenüber dem Anwendungsbereich bei Manganin von $\sim 30°$. Dies bedeutet, daß die Legierung wesentlich höher elektrisch belastet werden kann. Für höhere Widerstände wird gegenüber Manganin an Material gespart. Die geringere Anzahl der Windungen wirkt sich vorteilhaft bei Wechselstromuntersuchungen aus. Eventuell besteht auch ein Einsatzbereich der Legierung für Dehnungsmeßstreifen.

Es muß allerdings betont werden, daß das mögliche Auftreten von Alterungserscheinungen durch Langzeituntersuchungen noch nicht untersucht werden konnte und in dieser Hinsicht der Nachweis der Brauchbarkeit als Präzisionswiderstand noch aussteht. Eine 5stündige Wärmebehandlung bei 120° im Ölbad erbrachte weder eine Änderung des Widerstands noch des Temperaturkoeffizienten. Der bisher einzige Nachteil der Legierung gegenüber Manganin besteht darin, daß sie sich nicht weich löten läßt und feste untrennbare Verbindungen nur durch Hartlöten oder Schweißen zu erreichen sind.

Literatur

[1] Thomas, H., Z. Phys. **129** (1951) 219.
[2] Arnold, A. H. M., Proc. Inst. Electr. Eng. **103** (1956) 439.

Licht- und elektronenmikroskopische Untersuchungen an geätzten Steinsalz-Spaltflächen

Von J. Bohm, Dresden

Die Untersuchungen von Ätzfiguren an Einkristallen ist eine in der Mineralogie und Metallographie seit langem bekannte Methode. Vor allem wurden entsprechende Untersuchungen zur Bestimmung von Flächensymmetrie und der Kristallorientierung herangezogen.

Geht man über einfache, kinematische und Symmetriebetrachtungen hinaus, so stößt man auf Probleme kinetischer Art bei der Entstehung der Gruben [9, 16].

Auf einer kristallmorphologisch wichtigen Fläche können im ungestörten Kristallbereich keine typischen Grübchen entstehen, auch nicht von nur oberflächlichen Fehlern aus. Nur dort, wo eine lineare (nicht notwendig geradlinige) Störung die Kristalloberfläche (nicht notwendig senkrecht) durchsticht, entsteht eine typische Ätzgrube.

Diese Störungen werden heute allgemein mit Versetzungen identifiziert. Die Verteilung der Versetzungen bestimmt die Verteilung der Ätzfiguren, es werden Gleitebenen, Kleinwinkelkorngrenzen u. ä. sichtbar. Betreffs dieser „Topographie" der Ätzfiguren muß auf die Literatur verwiesen werden (Zusammenstellung der Literatur z. B. in [8]).

Die zu beschreibenden Ätzversuche an NaCl erfolgten ausschließlich auf {100}-Spaltflächen. Das Ätzen geschah unmittelbar nach dem Spaltvorgang. Als Ausgangsmaterial diente ein optisch einwandfreier, nach dem Czochralski-Verfahren aus der Schmelze gezogener Einkristall vom VEB Carl Zeiss Jena.

Die kinetische Beschreibung der Entstehung von Ätzgruben geht von der Vorstellung aus, daß die Kristallsubstanz von der Versetzung aus in Terrassen abgetragen wird. Beim Einsatz bestimmter Ätzmittel gelingt es, beim NaCl diese Terrassen in etwas gröberer Form zu erhalten (Abb. 1).

Als Kriterium, daß wir Gruben vor uns haben, dient der Schatten, den kleine Schmutzpartikel bei der Schrägbedampfung geworfen haben, im Vergleich mit den Grubenböschungen (Abb. 2). Bei lichtoptischer Untersuchung ist die Entscheidung sehr einfach mit Hilfe der Beckeschen Linie zu treffen, die hier auch den Kontrast verursacht.

Da die Gebilde sehr flach sind, ist auf die Präparation große Sorgfalt zu verwenden, um einen hinreichenden Kontrast zu erhalten. Um einen gleichmäßigen Kontrast auf allen vier Seiten der quadratischen Ätzgruben zu erreichen, wird bei der Schrägbedampfung der Dampfstrom in Richtung der Diagonalen der Ätzgruben, d. h. auch in Richtung der Diagonalen der {100}-Spaltfläche (da die Gruben stets in der entsprechenden Weise orientiert sind) auf die Fläche gerichtet. (Abb. 3: Schrägbedampfung parallel zu den Seitenkanten der Grube, Abb. 4: Schrägbedampfung parallel zur Diagonalen der Gruben.)

Bei theoretischen Betrachtungen zur Kinetik des Ätzvorganges — und in allgemeinerer Form auch betreffs des dazu reziproken Vorganges, des Kristallwachstums — spielt die Annahme von Adsorptionsvorgängen, die spezifisch von den unterschiedlichen Flächenlagen am Kristall beeinflußt werden, eine große Rolle [7, 16, 17, 18].

Als Illustration zu diesen Vorstellungen könnte man die Abbildungen 5, 6, 7 und 11 bezeichnen. Auf diesen Bildern sind kleine Partikel zu erkennen, die längs der Terrassenstufen angeordnet sind. Vermutlich entstanden diese Anordnungen dadurch, daß nach dem Ätzen und Abspülen

Abb. 1. NaCl (natürl.); Ätzlösung: 500 Teile Äthanol + 1 Teil Jod; Zeit: 3 min, Zimmertemperatur; V = 2000:1

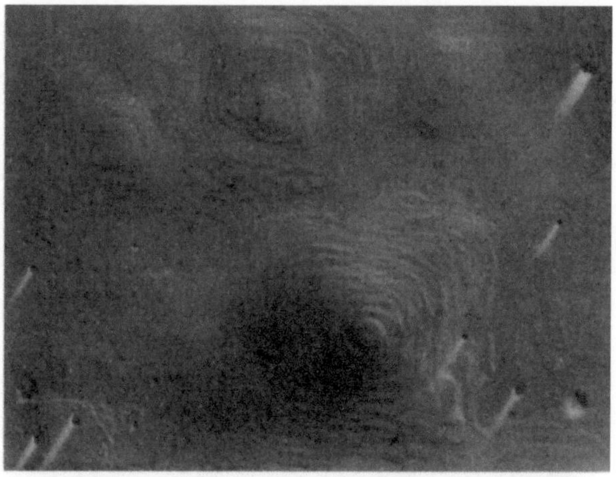

Abb. 2. NaCl, Ätzlösung: 10 Teile Eisessig + 3 Teile Harnstoff (1:100 verdünnt); Zeit: 3 sec, Temp. 50°; V = 2000:1

Abb. 3. NaCl, Ätzlösung: 7 Teile Eisessig + 3 Teile Harnstoff (1:100 verdünnt); Zeit: 20 sec, Temp. 40°; V = 2000:1

Abb. 4. NaCl, Ätzlösung: 7 Teile Eisessig + 3 Teile Harnstoff (1:100 verdünnt); Zeit: 20 sec, Temp. 40°; V = 2000:1

Abb. 5. NaCl, Ätzlösung: 500 Teile Äthanol + 1 Teil Jod; Zeit: 3 min, Zimmertemperatur; V = 2000:1

Abb. 6. NaCl, Ätzlösung: 500 Teile Äthanol + 1 Teil Jod; Zeit: 3 min, Zimmertemperatur; V = 3000:1

Abb. 7. NaCl, Ätzlösung: 500 Teile Äthanol + 1 Teil Jod; Zeit: 3 min, Zimmertemperatur; V = 3000:1

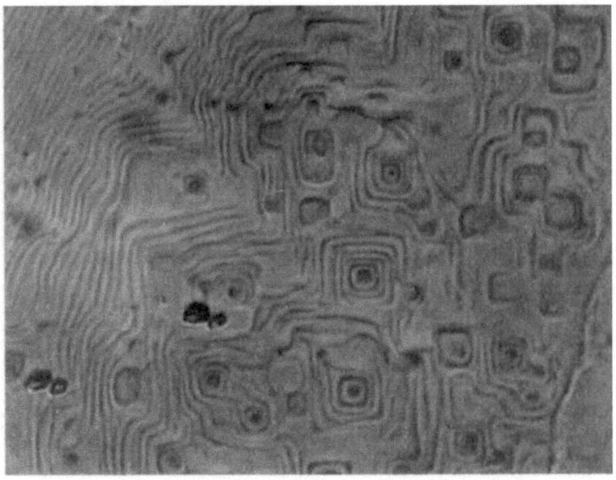

Abb. 8. NaCl, Ätzlösung: Methanol, Zeit: 2 min, Zimmertemperatur; V = 450:1; Auflicht

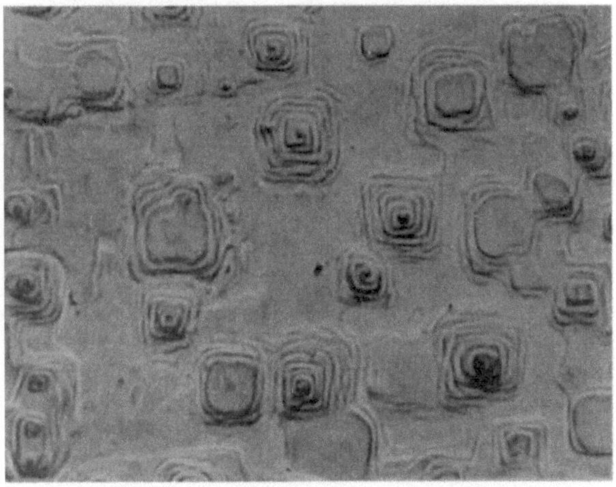

Abb. 9. NaCl, Ätzlösung: Essigsäure; Zeit: 40 sec, Zimmertemperatur; V = 450:1; Auflicht

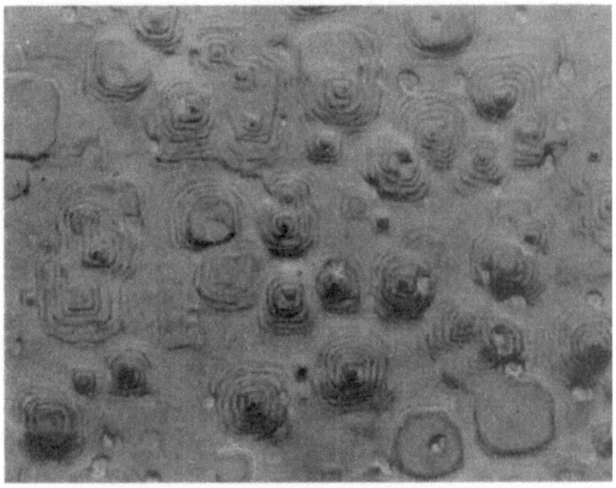

Abb. 10. NaCl, Ätzlösung: Essigsäure; Zeit: 40 sec, Zimmertemperatur; V = 450:1; Auflicht

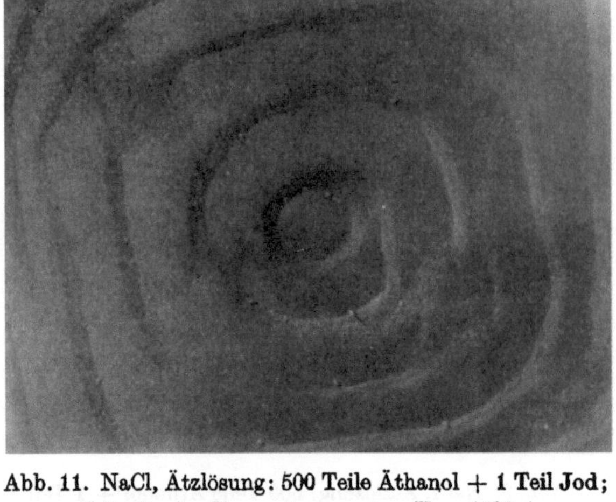

Abb. 11. NaCl, Ätzlösung: 500 Teile Äthanol + 1 Teil Jod; Zeit: 3 min, Zimmertemperatur; V = 4500:1

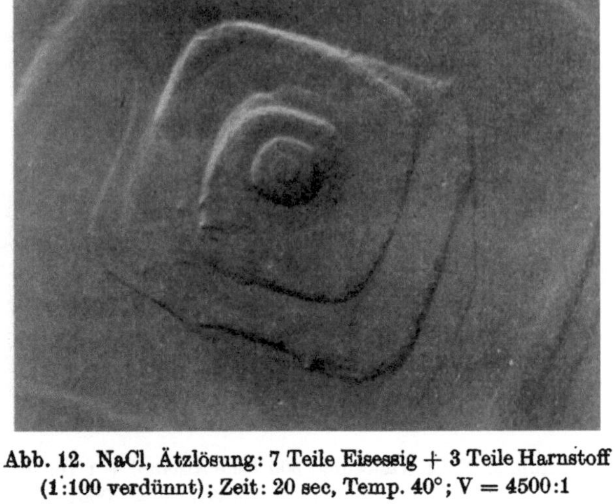

Abb. 12. NaCl, Ätzlösung: 7 Teile Eisessig + 3 Teile Harnstoff (1:100 verdünnt); Zeit: 20 sec, Temp. 40°; V = 4500:1

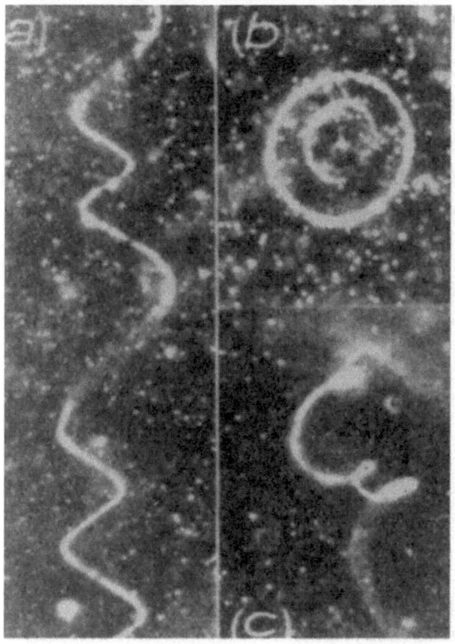

Abb. 13. Schraubenförmige Versetzungen in KCl, sichtbar gemacht durch Dekorierung. (Reproduktion aus [1])

Abb. 14. Entstehung spiralförmiger Ätzgruben (nach AMELINCKX)

doch noch ein geringer Rest eines Lösungsmittels auf dem Kristall verblieb, aus dem bei dessen Verdunstung die gelöste Substanz auskristallisierte. Diese Kristallisation begann an besonders adsorptionsaktiven Stellen. Auf Abb. 11 werden sogar die Ecken der Terrassen bevorzugt.

Bei der Untersuchung der terrassenförmigen Ätzfiguren konnten auch solche mit spiralförmigem Aufbau der Terrassen beobachtet werden (Abb. 8—12).

Ätzgrübchen von spiraligem Aufbau wurden schon an verschiedenem Material beobachtet [6, 10, 12, 14, 15, 19]. Das vorübergehende Auftreten von spiraligen Gebilden beim thermischen Abbau von Kochsalz konnten AMELINCKX und VOTAVA beobachten [5]. JESZENSKY [13] erhielt Ätzgruben von spiraliger Form an NaCl-Kristallen bei Auflösungsversuchen mit Alkohol, dem Formaldehyd zugesetzt worden war.

Es liegt nahe, die beim Abbau der Kristallsubstanz beobachteten spiraligen Erscheinungen sofort mit den entsprechenden Gebilden beim Kristallwachstum in Parallele zu setzen, die unmittelbar von einer Schraubenversetzung abgeleitet werden. Ohne diese Möglichkeit ganz auszuschließen, ist jedoch mit großer Wahrscheinlichkeit ein anderer, von AMELINCKX [2] diskutierter Mechanismus für die Entstehung der spiralförmigen Ätzgruben verantwortlich zu machen. Danach entstehen diese Gebilde dort, wo schraubenförmige (bzw. korkenzieherförmige) Versetzungslinien zur Kristalloberfläche durchdringen. Die Existenz derartig geformter Versetzungslinien wurde an verschiedenem Material [1, 4, 11, 20] durch Dekorierungsverfahren nachgewiesen, u. a. auch durch AMELINCKX an Kochsalz [4]. Die Entstehung solcher Versetzungslinien wurde auch schon theoretisch abgeleitet [3, 10]. Der Mechanismus der Ausbildung der spiralförmigen Ätzgruben geht aus Abb. 14 hervor: Entsprechend den Grundvorstellungen über die Entstehung von Ätzgrübchen wird die Kristallsubstanz von der Versetzung ausgehend in Terrassen abgetragen. Eine schraubenförmige Versetzung, die mit ihrer Schraubenachse senkrecht zur Kristalloberfläche steht, projiziert sich von oben als Kreis. Zeichnet man in dieser Ansicht von oben die Terrassen, wie sie in zeitlicher Reihenfolge entstanden, auf, so wandern die Mittelpunkte der — vereinfachend als kreisförmig angenommenen — Terrassen auf diesem Kreis herum. Es ist zu sehen, daß sich auf diese Weise eine Spirale formiert.

Die Größenverhältnisse sind mit diesen Vorstellungen in Übereinstimmung. Die durch Amelinckx [4] an NaCl beobachteten schraubenförmigen Versetzungen haben einen Durchmesser in der Größenordnung von 10^{-3} mm, die Ätzgruben haben einen Durchmesser in der Größenordnung von 10^{-2} mm. Der Faktor 10 entspricht ganz gut den Größenverhältnissen, wie sie aus Abb. 14 hervorgehen.

Da wir die zugrunde liegende Versetzungslinie nicht immer streng als ideale Schraube, sondern auch etwas variabel in der Form voraussetzen können, etwa mit Schwankungen im Durchmesser oder der Ganghöhe der Schraube, bzw. auch in einen gestreckten Verlauf übergehend, erklären sich zwanglos die an den Gruben zu beobachtenden Unregelmäßigkeiten im Verlauf einer Spirale.

Literatur

[1] Amelinckx, S., Acta Met. **6** (1958) 34.
[2] Amelinckx, S., Bontinck, W. u. Dekeyser, W., Phil. Mag. **2** (1957) 1264.
[3] Amelinckx, S., Bontinck, W., Dekeyser, W. u. Seitz, F., Phil. Mag. **2** (1957) 355.
[4] Amelinckx, S., Bontinck, W., Maenhout — Van der Vorst, Physica **23** (1957) 270.
[5] Amelinckx, S. u. Votava, E., Naturwiss. **41** (1954) 422.
[6] Bassi, G. u. Fourie, S. T., Acta Met. **5** (1957) 679.
[7] Bliznakow, G. u. Kirkowa, E., Z. phys. Chem. **206** (1957) 271.
[8] Bohm, J., Fortschr. Min. **38** (1960) 82.
[9] Bohm, J. u. Kleber, W., N. Jb. Mineral. Mh. **9** (1958) 201.
[10] Bontinck, W. u. Amelinckx, S., Phil. Mag. **2** (1957) 94.
[11] Dash, W. C., Phys. Rev. Letters **1** (1958) 400.
[12] Ellis, S. G., J. Appl. Phys. **26** (1955) 1140.
[13] Jeszensky, B., Nature **181** (1958) 559.
[14] Johnston, T. L., Li, C. H. u. Knudson, C. J., J. Appl. Phys. **28** (1957) 746.
[15] Kikuchi, M. u. Denda, S., J. Phys. Soc. Jap. (1957) 105.
[16] Kleber, W., Z. Elektrochem. **62** (1958) 587.
[17] Kleber, W., Z. phys. Chem. **206** (1957) 327.
[18] Knacke, O. u. Stranski, J. N., Z. Elektrochem. **60** (1956) 816.
[19] Meckel, B. B. u. Swalin, R. A., J. Appl. Phys. **30** (1959) 89.
[20] Thomas, G. u. Whelan, M. S., Phil. Mag. **4** (1959) 511.

Die vorliegende Arbeit ist ein Abdruck eines bereits im Dezember 1959 gehaltenen Vortrages. Später in der Literatur bekannt gewordene Ergebnisse sind daher nicht berücksichtigt.

Herrn Prof. Dr. E. Rexer, Herrn Dr. D. Schulze und Herrn Dipl.-Phys. H. Wadewitz danke ich für Hinweise und Diskussionen, Frau H. Ludewig und Fräulein G. Rohleder für die Unterstützung bei den experimentellen Arbeiten.

Probleme bei der chemisch-analytischen Untersuchung reinster Metalle

Von G. EHRLICH, Dresden

1. Allgemeines

Wenn man über die chemische Analyse von Reinststoffen spricht, ist es zweckmäßig, zwischen „reaktorreinen" und „halbleiterreinen" Materialien zu unterscheiden. Während in den reaktorreinen Werkstoffen die Verunreinigungen meist in Größenordnungen zwischen 0,1 und 10 ppm (entsprechend 10^{-5} und 10^{-3}%) vorhanden sind, liegt der Verunreinigungsgehalt in den Materialien der Halbleitertechnik zwischen 0,1 und 10 ppb (entsprechend 10^{-8} und 10^{-6}%) und teilweise noch darunter. Im erstgenannten Fall gelingt es mit empfindlichen Methoden, z. B. mit Spezialverfahren der optischen Spektralanalyse und mit der Gamma-Spektrometrie nach Neutronenaktivierung, noch in zahlreichen Fällen die Verunreinigungen direkt, d. h. ohne vorherige Anreicherung bzw. Abtrennung der Grundelemente, zu bestimmen. Bei Halbleiterwerkstoffen muß dagegen in den allermeisten Fällen eine Konzentrierung der Spurenelemente ihrer Bestimmung vorausgehen. Lediglich die Massenspektrometrie erlaubt bis zu einem gewissen Grade noch Direktbestimmungen im ppb-Bereich.

2. Massenspektrometrische Reinheitsbestimmung

Vor Schilderung der Anreicherungsmethoden und ihrer Grenzen soll kurz auf die Massenspektrometrie eingegangen werden. Man verwendet hierzu doppelfokussierende Geräte in der MATTAUCHschen Anordnung mit Hochfrequenz-Funkenionenquelle und photographischer Registrierung der Spektren [1]. Die Proben werden in Form von Elektrodenstäbchen von etwa 1,5 bis 2 mm Dicke und 12 mm Länge eingesetzt und müssen natürlich ohne mechanische Bearbeitung in diese Form gebracht werden. Über die erreichbare Empfindlichkeit und die Genauigkeit der Analysen findet man, wie überhaupt über das Verfahren der massenspektrometrischen Festkörperanalyse, relativ wenig Angaben. Sicher müssen mindestens 10^{-10} bis 10^{-11} g eines Elementes im Funken ionisiert werden, wenn man nachweisbare Linien im Massenspektrum erhalten will [1]. Die Nachweisempfindlichkeit variiert allerdings von Element zu Element und hängt außerdem vom Matrixelement ab, jedoch sind diese Einflüsse längst nicht so ausgeprägt wie bei der optischen Spektroskopie. Praktische Analysenbeispiele aus der Literatur zeigen [2, 3], daß beim jetzigen Stand der Entwicklung die untere Nachweisgrenze bei Untersuchungen an Reinstsilicium, -aluminium und -graphit für die meisten Elemente bei etwa 10 ppb liegt und in einigen Fällen, z. B. für Titan und leider auch Bor, ein bis zwei Größenordnungen schlechter ist. Prinzipiell läßt sich die Empfindlichkeit erheblich durch Anwendung der Isotopenverdünnungsmethode mit stabilen Isotopen steigern [4], doch ist diese an so zahlreiche Voraussetzungen gebunden, daß man sie kaum als allgemeines Analysenverfahren bezeichnen kann. Die Streuung soll in allen Fällen innerhalb einer Größenordnung liegen.

Man sollte also auch an diese modernste und sicherlich empfindlichste Methode zur Direktuntersuchung von Festkörpern keine zu hochgespannten Erwartungen knüpfen, doch bleibt ihr der unbestreitbare Vorzug, daß sie allein in der Lage ist, rasch eine Übersicht über den Verunreinigungsgrad von Halbleitermaterialien zu geben. Die anderen Verfahren, die mit Anreicherungsoperationen verbunden sind, müssen in vielen Fällen auf bestimmte Elemente, deren Anwesenheit man von vornherein erwartet, zugeschnitten werden, wobei andere, zufällig vorhandene Verunreinigungen, selbst bei Anwesenheit größerer Mengen, u. U. unerkannt bleiben. Kommerziell wird unseres Wissens ein solcher Massenspektrograph zur Festkörperanalyse in Europa nur von den Associated Electrical Industries Ltd. (AEI) in England hergestellt.

3. Anreicherung der Spuren zur Bestimmung nach „klassischen“ Methoden

Die Spurenanreicherung ist mit erheblich weniger apparativem Aufwand verbunden. Man kann die Verfahren in chemische und physikalische unterteilen. Von den chemischen sind zu nennen [5, 6, 7]:

a) Ausfällung der Spuren mit organischen Spezialreagenzien, meist nach Zusatz sog. „Spurenfänger“,

b) Flüssig-Flüssig-Extraktion des Grundelementes oder der Spuren,

c) Zementation der Spuren auf einem unedleren Trägermetall oder elektrolytische Abscheidung des Grundmetalls oder der Spuren an einer Quecksilber-Kathode,

d) Trennung des Grundmetalls von den Verunreinigungen an Ionenaustauschern.

Die physikalischen Trennoperationen beschränken sich im wesentlichen auf Verflüchtigung des Grundelementes oder der Spuren [8] (wobei im letztgenannten Falle die vollständige Kondensation auf einem Träger gewährleistet sein muß) und auf die Anwendung der Zonenschmelze im analytischen Maßstab.

Die Schwierigkeit bei allen Verfahren und insbesondere bei den chemischen liegt darin, daß die Berührung mit Gefäßen und Chemikalien unvermeidlich ist und dabei die zu bestimmenden Elemente in die Analyse eingeschleppt werden. Zur Illustration sei erwähnt, daß sich nach unseren Untersuchungen beispielsweise in jeweils 100 ml einer analysenreinen Salz-, Salpeter- oder Flußsäure nach einer zusätzlichen Destillation noch 1—10 μg Eisen befinden. Beim Eindampfen von 100 ml Salzsäure in einer Platinschale wurden ferner etwa 25 μg Eisen aus dem Platin gelöst. Außerdem ist ständig mit plötzlich auftretenden Fehlergebnissen durch die Einwirkung der Laboratoriumsatmosphäre zu rechnen, wenn man nicht in völlig abgeschlossenen Systemen arbeitet [9], was bei analytischen Arbeiten bisher gänzlich ungebräuchlich war und in vielen Fällen überhaupt schwer möglich ist. Diese Fehler treten natürlich auch bei all den Bestimmungsmethoden auf, die oft keine Anreicherung erfordern, aber nur in Lösungen durchgeführt werden können und so eine chemische Behandlung der festen Metallproben erfordern, wie etwa die Spektrophotometrie und die Polarographie.

4. Aktivierungsanalyse

Führt man die Bestimmung kleinster Gehalte aktivierungsanalytisch durch, so ist zwar nach der Neutronenaktivierung im Reaktor und vor der Aktivitätsmessung ebenfalls meist eine chemische Abtrennung der Spuren vom Grundmaterial und eine Trennung der Verunreinigungen untereinander erforderlich [10], die im allgemeinen nach klassischen fällungsanalytischen Methoden unter Zusatz von inaktiven Trägersubstanzen durchgeführt werden, aber der entscheidende Vorteil des Verfahrens liegt darin, daß alle Zusätze nach der Aktivierung nicht stören, weil sie keinen Beitrag zu der zu messenden Strahlung liefern. Deshalb kann man eben Trägermaterial zusetzen und entsprechend auch durchschnittlich gereinigte Reagenzien verwenden.

In Verbindung mit der an sich guten Empfindlichkeit ist diese Methode daher die einzige, die Bestimmungen im ppb-Bereich erlaubt. Dabei ist der Aufwand durchaus erträglich, vorausgesetzt, daß man einen Reaktor in erreichbarer Nähe hat und auf das Arbeiten mit radioaktiven Isotopen eingerichtet ist. Allerdings sind nur die Elemente in dieser Weise bestimmbar, die über einen genügend großen Neutroneneinfangquerschnitt verfügen und radioaktive Isotope bilden, deren Halbwertszeit die chemische Aufbereitung erlaubt. Die in der Halbleitertechnik interessierenden Elemente sind bis auf Bor gut der Neutronenaktivierungsanalyse zugänglich. Die Borbestimmung ist im Prinzip ebenfalls aktivierungsanalytisch möglich, und zwar nach Aktivierung mit Protonen im Zyklotron [11].

5. Vergleich verschiedener Analysenmethoden bei der Untersuchung von Reinsilicium

Die Überlegenheit der Aktivierungsanalyse bei unseren derzeitigen Arbeiten unter den momentanen Bedingungen möge die folgende Tabelle veranschaulichen [12]. Wir haben die Spurenbestimmung im Silicium spektralanalytisch, kolorimetrisch und aktivierungsanalytisch durchgeführt und stets zur Anreicherung der Spuren das Silicium als SiF_4 durch Abrauchen mit einem Flußsäure-Salpetersäure-Gemisch vertrieben. Das spektralanalytische Verfahren soll hier nicht näher erörtert werden, doch ist aus Tabelle 1 ersichtlich, wie Bestimmbarkeitsgrenze und Standardabweichung ansteigen, wenn von synthetischen Eichsubstanzen auf praktische Siliciumproben, die mit Flußsäure behandelt werden müssen, übergegangen wird. Die untere Bestimmbarkeitsgrenze liegt in diesem „Ernstfall" bestenfalls bei 1 ppm, für die meisten Elemente allerdings wesentlich darüber, und die Standardabweichung beträgt im Mittel 50%. Die Aktivierungsanalyse erlaubt in den meisten Fällen Bestimmungen in der Größenordnung Zehntel ppb (10^{-8}%) mit einer Genauigkeit von $\pm$ 10%. Sie übertrifft also den günstigsten Fall der Spektralanalyse um 4 Zehnerpotenzen und arbeitet zudem noch genauer. Den praktischen Fall einer Kupferbestimmung in Halbleiter-Silicium nach allen drei angeführten Methoden zeigt Tabelle 2. Zu einer Silicium-Einkristallprobe wurde Kupfer zugesetzt. Man sieht, daß alle drei Methoden befriedigend übereinstimmende Werte liefern, solange die Verunreinigungen in Reagenzien und Gefäßen bei dem spektrochemischen und dem kolorimetrischen Verfahren nicht störend wirken. Treten diese Störungen auf, so kann mit den genannten Methoden nur noch ein oberer Grenzwert angegeben werden, und in dem praktisch wichtigen Fall der zusatzfreien Probe liefert allein die Aktivierungsanalyse ein eindeutiges Ergebnis: Der Silicium-Einkristall enthält 6 ppb Kupfer.

Tabelle 1

Element	Wellenlänge der Analysenlinie [nm]	Bestimmung in „synthetischen" Zinkoxydproben		Bestimmung in Siliciumproben	
		Bestimmbarkeitsgrenze [ppm]	Standardabweichung [%]	Bestimmbarkeitsgrenze [ppm]	Standardabweichung [%]
Fe	238,20	4	12	20	20
Cu	324,75	1	14	1	40
Cr	267,72	5	12	12	50
Ni	341,48	5	9	5	70
Mn	260,57	6	11	6	—
Al	308,22	5	15	40	68
Mg	285,21	0,3	15	10	44
Ca	317,83	5	15	40	47

Empfindlichkeit und Genauigkeit der spektrochemischen Bestimmung von Verunreinigungen in Silicium

Tabelle 2

Zugesetzte Cu-Menge [ppm]	Analysenwerte [ppm]		
	spektrochem. Best.	kolorimetr. Best.	aktivierungsanal. Best.
10,0	7,0	11,0	10,4
1,0	$\lesssim$ 2,7	1,2	0,8
0,1	$\lesssim$ 0,1	0,1	0,1
—	$\lesssim$ 0,1	< 0,1	0,006

Vergleich verschiedener Methoden zur Kupferbestimmung in Silicium

6. Schlußfolgerungen

Zusammenfassend ist festzustellen, daß Massenspektrometrie und Aktivierungsanalyse am besten zur Untersuchung von Halbleitermaterialien geeignet sind. Dabei ist die Aktivierungsanalyse im allgemeinen empfindlicher, während die Massenspektrometrie relativ rasch einen Überblick über den Reinheitsgrad der Probe hinsichtlich zahlreicher Elemente liefert. Da jedoch nicht alle Elemente mit diesen Methoden bestimmt werden können und außerdem deren Anwendung einen beträchtlichen Aufwand erfordert, muß versucht werden, auch die Nachweisgrenzen der anderen Verfahren zu verbessern. Das ist insbesondere durch physikalische Anreicherungsverfahren, extreme Chemikalienreinigung und Verwendung von Kunststoffgefäßen (Teflon, Polyäthylen) an Stelle von Glas und Platin möglich. Trotzdem werden Gehalte unter 10 ppb (10^{-6}%) nach den „klassischen" Methoden immer schwierig zu bestimmen sein.

Literatur

[1] Hintenberger, H., Mikrochim. Acta (1956) 71.
[2] Craig, R. G. u. Errock, G. A., Vortrag auf dem Symposium über Massenspektrometrie vom 24. bis 26. 9. 1958 in London.
[3] Craig, R. G., Errock, G. A. u. Waldron, J. D., Vortrag auf dem Symposium über Massenspektrometrie vom 24. bis 26. 9. 1958 in London.
[4] Webster, R. K., Vortrag auf dem Symposium über Massenspektrometrie vom 24. bis 26. 9. 1958 in London.
[5] Pohl, F. A., Z. analyt. Chem. **142** (1954) 19.
[6] Koch, O. G., Mikrochim. Acta (1958) 92.
[7] Norris, J. A., ASTM Spec. Techn. Publ. Nr. **221** (Sympos. Spectrochem. Analysis for Trace Elements, Pittsburg 1957) S. 23.
[8] Saidel, A. N. u. a., I. Z. analyt. Chem. (russ.) **11** (1956) 21. II. Z. analyt. Chem. (russ.) **12** (1957) 16. III. Optik und Spektroskopie (russ.) **2** (1957) 28. IV. Z. analyt. Chem. (russ.) **12** (1957) 30.
[9] Pohl, F. A., Chem. Ing. Techn. **30** (1958) 347.
[10] Kant, A., Cali, J. P. u. Thompson, H. D., Analytic. Chem. **28** (1956) 1867.
[11] Gill, R. A., Atomic Energy Research Establishment (Great Britain) C/R 2758 (1958).
[12] Ehrlich, G., Döge, H.-G. u. Schmidt, A., Mitteilungsblatt der Chem. Ges. in der DDR, Sonderheft 1960 „Analytische Chemie", S. 95.

Deformationsanisotropie und Leitfähigkeit

Von P. Muth, Dresden

In einer Arbeit von H. J. Bunge [1] werden Überlegungen über die Änderung des Ordnungsparameters bei einer plastischen Verformung angestellt.

Danach sind in einem Mischkristall nach der Deformation zusätzliche Anisotropien zu erwarten, falls vor der Deformation irgendeine Art von Ordnung vorliegt.

Es wird angenommen, daß sich bei der Gleitung Teilbereiche ohne Änderung ihrer inneren Ordnung gegeneinander verschieben, so daß an den Gleitebenen ein neuer Ordnungszusammenhang entsteht.

Zur Beschreibung der Ordnung wird der von Cowley [2] vorgeschlagene Ordnungsparameter benutzt

$$\alpha(r) = 1 - \frac{p(\mathfrak{r})}{m_A}.$$

Dabei bedeutet $p(\mathfrak{r})$ die Wahrscheinlichkeit, im vektoriellen Abstand $\mathfrak{r}$ von einem B-Atom ein A-Atom zu finden, und m_A den Molenbruch von A.

Der Ordnungsparameter nach der Gleitung wird unter den Annahmen bestimmt, daß die Gleitebenen äquidistant sind und daß Platzwechselvorgänge ausgeschlossen werden.

Wird ein Gleitsystem betätigt, so ergibt sich nach der Deformation der Ordnungsparameter zu

$$\alpha'(\mathfrak{r}) = \alpha(\mathfrak{r}) + \frac{|\mathfrak{r}\cdot\mathfrak{e}_i|}{l_i}\left\{\sum_n a(\mathfrak{r} \mp n\,\mathfrak{g}_i)\,a_i(n) - \alpha(\mathfrak{r})\right\}.$$

Dabei bedeutet

- $\mathfrak{e}_i$ den Einheitsvektor senkrecht zur Gleitebene (im i-ten Gleitsystem),
- $\mathfrak{g}_i$ den Einheitsvektor in der Gleitrichtung,
- $a_i(n)$ die relative Häufigkeit der Gleitung um n Gleitschritte und
- l_i den Abstand der Gleitlinien.

Der zweite Term gibt eine Anisotropie, die unter anderem von den Vektoren $\mathfrak{e}_i$ und $\mathfrak{g}_i$ des Gleitsystems abhängt und durch Mittelwertbildung über die verschiedenen Gleitsysteme und Kristallorientierungen nicht verlorengeht.

Es sind daher nach einer plastischen Verformung eines vielkristallinen Mischkristalles Abweichungen von der Symmetrie des unverformten Kristalles zu erwarten, die sich in denjenigen physikalischen Eigenschaften äußern sollten, die von der Richtung und dem Ordnungsparameter abhängen.

In einer weiteren Arbeit berechnet Bunge [3] die Änderung des Cowleyschen Ordnungsparameters bei einer plastischen Verformung eines übersättigten Mischkristalles.

Es wird angenommen, daß eine Komponente kohärent ausgeschieden worden ist und in Form von Clustern beliebiger Form und Größe vorliegt. Die Gleitebenen werden als äquidistant vorausgesetzt und laufen durch die Ausscheidungen hindurch, so daß die Cluster mit der Matrix verformt werden.

Bei Beschränkung auf nächste Nachbarn ergibt sich für die Änderung der Ordnungsfunktion

$$\Delta\,\alpha(\mathfrak{r}) = -\frac{1}{m_A V_B} \cdot \frac{1}{2} \Delta O\, |\mathfrak{r} \cdot \mathfrak{e}|,$$

wobei

m_A den Molenbruch der Komponente A bedeutet,
V_B das Gesamtvolumen der ausgeschiedenen B-Atome,
ΔO die durch die Gleitung von den Clustern zusätzlich gebildete Oberfläche und
$\mathfrak{e}$ den Einheitsvektor senkrecht zur Gleitrichtung.

Die plastische Deformation hat auf die Ordnungsfunktion die gleiche Wirkung wie die zusätzliche Ausscheidung flacher Teilchen in den Gleitebenen. Dabei wird die Richtung senkrecht zu den Gleitebenen ausgezeichnet.

Die Anisotropie bleibt auch bei Mittelung über alle Gleitsysteme und Kristallorientierungen erhalten.

Diskussion des Meßverfahrens

Geordnete Mischkristalle zeigen im allgemeinen eine höhere spezifische elektrische Leitfähigkeit als ungeordnete. Es liegt daher die Frage nahe, ob sich die Richtungsabhängigkeit der Ordnungsfunktion nach einer Deformation einer geordneten oder ausscheidungsfähigen Legierung auch in einer Anisotropie der elektrischen Leitfähigkeit bemerkbar macht.

Zur Messung der Anisotropie der elektrischen Leitfähigkeit wurden kreisförmige Platten verschiedener Legierungen mit einem Durchmesser von 6 cm und Stärken zwischen 0,15 und 0,5 mm untersucht. Als Stromzuführungen dienten vier kleine Zapfen an den Seiten der Platten. Der Strom wurde nacheinander in zwei zueinander senkrechte Richtungen — in Walz- und Querrichtung — hindurchgeleitet. Als Spannungsabgriffe wurden zwei Stahlschneiden mit einer Breite von 5 mm bei einem Meßabstand von 4 cm verwendet. Die Schneiden wurden mit Hilfe einer Führung symmetrisch zur Probenmitte stets an den gleichen Stellen aufgesetzt.

Die Messungen sind mit einer THOMSON-Brücke durchgeführt worden, wobei die Anschlüsse für den Normalwiderstand mit den Anschlüssen für den unbekannten Widerstand vertauscht wurden. Wie eine Rechnung zeigt, ist in diesem Falle bei den meisten der vorliegenden elektrischen Widerstände der Proben die Meßgenauigkeit größer.

Für einen Leiter konstanten Querschnittes ergeben die Meßwerte die elektrische Leitfähigkeit. Für die kreisförmigen Platten verhalten sich an ein und derselben Probe die Meßwerte wie die Leitfähigkeiten.

Die Meßwerte in der Walzrichtung seien l_{WR} und l'_{WR}, die in der Querrichtung l_{QR} und l'_{QR}. Dabei bedeutet l den Wert für die anisotrope Probe und l' den der isotropen Probe. Die l-Werte ergeben sich nach dem Kaltwalzen einer geordneten Legierung. Die l'-Werte erhält man nach einer sich anschließenden Wärmebehandlung, die die Deformationsisotropie beseitigt.

Sei $\Delta\, l_{WR} = l_{WR} - l'_{WR}$ und $\Delta l_{QR} = l_{QR} - l'_{QR}$, so soll die Anisotropie A durch folgenden Ausdruck gegeben sein:

$$A = \left\{\frac{|\Delta\, l_{WR}|}{l_{WR}} - \frac{|\Delta l_{QR}|}{l_{QR}}\right\} \cdot 100\%.$$

Die Beträge werden verwendet, weil die Δ_l sowohl positiv als auch negativ sein können. Wegen der Kristallerholung und Rekristallisation sind die Δl im allgemeinen negativ. Für Legierungen mit K-Zustand [4] können jedoch nach einer entsprechenden Wärmebehandlung die Δl positiv werden.

Wegen der Temperaturabhängigkeit der Leitfähigkeit war eine hohe Temperaturkonstanz Voraussetzung. Die Meßanordnung ist daher in einer Thermostatenkammer untergebracht worden, die die Temperatur auf (20 ± 0,03) °C hielt.

Da an den Meßstellen verschiedene Metalle in Kontakt sind, treten im Meßkreis Thermospannungen auf. Nach einer halben Stunde Betriebsdauer des Thermostaten stellte sich jedoch ein Temperaturgleichgewicht ein, so daß die Thermospannungen kleiner als 10^{-7} V wurden und somit unter der Meßempfindlichkeit des Galvanometers lagen.

Wegen der Übergangswiderstände, die im allgemeinen zwischen Proben und Meßschneiden auftreten, war anzunehmen, daß der Auflagedruck einen Einfluß auf die Messungen hatte. An mehreren Meßproben sind daher die Schneiden verschieden stark eingespannt worden. Es zeigte sich jedoch, daß die Meßwerte unabhängig vom Auflagedruck waren.

Alle Messungen sind sowohl in der Walz- als auch in der Querrichtung an jeder Scheibe fünf- bis zehnmal vorgenommen worden, wobei die Probe jedesmal neu eingespannt wurde. Der mittlere Fehler der Meßreihen hatte dabei eine Größe von ± 0,01 bis ± 0,08%. Der Größtfehler der Anisotropie schwankte damit zwischen ± 0,10 und ± 0,25%. Die Fehler lagen jedoch fast ausschließlich unter ± 0,20%, so daß dieser Wert als Streubereich angenommen werden kann.

Wird ein Metall gewalzt, so erfahren die Kristallite eine Streckung in der Walzrichtung. Gleichzeitig orientieren sich die Beimengungen, die vor allem an den Korngrenzen abgelagert sind, in Verformungsrichtung und erzeugen eine Art Zeilenstruktur. Es ist daher zu erwarten, daß sich nach dem Walzen die elektrische Leitfähigkeit anisotrop verhalten wird. Dieser Effekt wird bei geordneten Legierungen von der Deformationsanisotropie überlagert.

Wird ein verformtes Metall einer Wärmebehandlung unterworfen, so setzt bei tiefen Temperaturen die Kristallerholung ein. Die Kristallite erhalten dabei durch Ausheilen von Gitterfehlern die elektrische Leitfähigkeit des unverformten Metalles. Die Streckung der Kristallite, die Zeilenstruktur der Verunreinigungen und die damit verbundene Anisotropie der Leitfähigkeit bleibt jedoch erhalten.

Die elastische Verspannung des Gitters nach dem Walzen wird sicher nicht isotrop sein. Die Streuung der Elektronen sollte daher ebenfalls anisotrop sein. Auch dieser Effekt könnte eine Anisotropie der Leitfähigkeit erzeugen und sollte auch bei den reinen Komponenten zu beobachten sein.

Durchführung der Messungen

Folgende Legierungen sind untersucht worden (Angaben in Gewichtsprozenten):

Legierung	Ni	Fe	Cr	Cu
1	49,5	50,4	—	—
2	77,2	22,75	—	—
3	79,95	—	20,0	—
4	43,8	43,7	—	12,0

Die Legierungen enthielten die üblichen Verunreinigungen. Sie lagen in Form von Blechen mit einer Stärke von 0,5 bis 1,5 mm und einer Breite von 60 bis 100 mm vor.

Zur Klärung des Verhaltens der reinen Komponenten ist die Anisotropie mehrerer gewalzter Proben technisch reinen Nickels nach Glühungen unterhalb und oberhalb

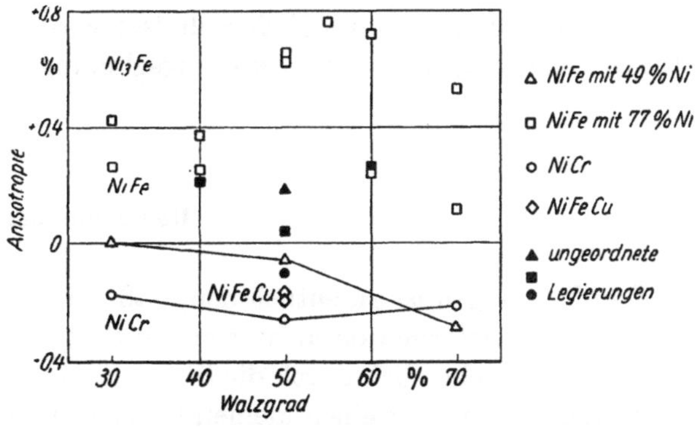

Abb. 1. Die Deformationsanisotropie in Abhängigkeit vom Walzgrad

der Rekristallisationstemperatur gemessen worden. Die Proben rekristallisierten bei einer Glühung bei 1000 °C. Sie wurden in Wasser abgeschreckt und um 50% kaltgewalzt. Nach einer 15stündigen Glühung bei 400°C war keine Anisotropie nachweisbar. Die gemessenen Werte von ± 0,1% liegen innerhalb des Streubereiches.

Eine Glühung bei 1000 °C ergab einen Anisotropie von etwa —1,0%. Sie hat ihre Ursache im Verschwinden der Streckung der Kristallite und der Zeilenstruktur der Verunreinigungen bei der Rekristallisation.

Röntgenographische Untersuchungen stellten daher sicher, daß bei den Glühungen zur Bestimmung der l'-Werte die Rekristallisationstemperatur nicht überschritten wurde.

Die Legierung 1 wurde in folgender Weise behandelt:

Durch einstündiges Glühen bei 1000 °C rekristallisierten die plattenförmigen Proben. Die Legierung lag nach anschließendem Abschrecken in Wasser ungeordnet vor. Nach 15stündigem Anlassen bei 450 °C hatte sich der aus magnetischen Messungen bekannte Ordnungszustand ausgebildet. Die Leitfähigkeit nahm dabei um etwa 1,5% zu.

Anschließend sind die Proben bis zu 70% kaltgewalzt worden. Aus den Platten wurden Kreisscheiben ausgeschnitten, an denen die Werte l_{WR} und l_{QR} gemessen wurden. 15stündiges Glühen bei 400° C sollte den isotropen Zustand wiederherstellen. Es wurden die Werte l'_{WR} und l'_{QR} gemessen. Zur Kontrolle des Einflusses der Ordnung ist in einigen Fällen die Glühung zur Herstellung des Ordnungszustandes entfallen.

Die Legierung 2 wurde folgender Behandlung unterworfen:

Der Ausgangszustand war wiederum durch eine einstündige Glühung bei 1000 °C und Abschrecken in Wasser gegeben. Durch 15stündiges, später 48stündiges Anlassen bei 400 °C nahm die elektrische Leitfähigkeit um 12 bis 18% zu, die Fernordnung Ni_3Fe hatte sich zum großen Teil gebildet. Die Proben wurden danach bis zu 70% kaltgewalzt und anschließend einer 15- bzw. 48stündigen Wärmebehandlung bei 400 °C unterworfen. Zur Kontrolle des Ordnungseinflusses ist wiederum bei einigen Proben die erste Glühung bei 400 °C unterblieben.

Die Legierung 3 hatte eine zweistündige Glühung bei 800°C und Abschrecken in Wasser zum Ausgangszustand. 15stündiges Anlassen bei 400° C erzeugte eine Nahordnung, die als K-Zustand bekannt geworden ist. Die Leitfähigkeit nahm dabei um etwa 5% ab. Die Proben sind ebenfalls bis zu 70% kaltgewalzt und anschließend bei 400 °C 15 Stunden geglüht worden. Für die Kontrollproben entfiel die Ordnungsglühung.

Die Legierung 4 ist zunächst bei 1000 °C zwei Stunden geglüht und anschließend in Wasser abgeschreckt worden. Die Kupferatome liegen dann in Form von Clustern vor. Kaltwalzen um 50% sollte eine Anisotropie erzeugen. Durch 48stündiges Anlassen bei 400 °C sollte das Kupfer ausgeschieden und der isotrope Zustand wiederhergestellt werden. In einem Fall ist die Probe zur Erhöhung der Anisotropie zwischen zwei Walzstichen bei 500 °C 15 Minuten geglüht worden.

Die Abbildung gibt die Meßergebnisse wieder. Die ausgefüllten Meßpunkte sind die Werte für die Kontrollproben ohne Ordnungsglühung.

Diskussion der Ergebnisse

Den Messungen ist zu entnehmen, daß bei der Nickel-Eisen-Legierung mit etwa 50% Nickel sicher keine Deformationsanisotropie auftritt. Der etwas große Wert bei einem Walzgrad von 70% ist wahrscheinlich durch die Streuung der Meßwerte bedingt.

Nickel-Chrom zeigt einen kleinen negativen Effekt, der allerdings im Streubereich liegt.

Die Werte für Nickel-Eisen-Kupfer sind negativ und liegen ebenfalls im Fehlerbereich. Die Existenz einer Anisotropie läßt sich daher nicht nachweisen.

Die Nickel-Eisen-Legierung mit etwa 77% Nickel zeigt positive Anisotropien, die außerhalb des Streubereiches liegen. Es ist daher anzunehmen, daß hier tatsächlich eine Deformationsanisotropie auftritt.

Da sich bei dieser Legierung eine Fernordnung Ni_3Fe ausbildet, sind dafür wohl auch die besten Voraussetzungen gegeben. Die Rechnungen von BUNGE sind für eine Fernordnung allerdings nicht durchgeführt worden.[1]) Für ungeordnetes Material liegen die Anisotropiewerte innerhalb des Streubereiches. Die Messungen sprechen daher für eine Deutung der Deformationsanisotropie nach BUNGE, die im Gegensatz zur Auffassung von NÉEL [5, 6, 7] für einen größeren Ordnungsgrad vor der Deformation auch eine größere Anisotropie erwarten läßt.

Die Meßwerte streuen sehr stark, so daß die Abhängigkeit der Anisotropie vom Walzgrad nicht angebbar ist.

Zusammenfassung

An einigen ordnungsfähigen Legierungen und einer ausscheidungsfähigen Legierung wurde die elektrische Leitfähigkeit nach dem Kaltwalzen in Walz- und in Querrichtung gemessen. Eine Anisotropie war nur bei der Legierung Ni_3Fe nachweisbar.

Literatur

[1] BUNGE, H. J., Z. Metallkde. **49** (1958) 40.
[2] COWLEY, J. M., Phys. Rev. **77** (1950) 669.
[3] BUNGE, H. J., Z. Metallkde. **49** (1958) 517.
[4] THOMAS, H., Z. Phys. **129** (1951) 219.
[5] NÉEL, L., C. R. **237** (1953) 1468.
[6] NÉEL, L., C. R. **237** (1953) 1613.
[7] NÉEL, L., J. Phys. Radium **15** (1954) 225.

---

[1]) BUNGE hat diesen Fall in einer früheren Arbeit behandelt. Siehe H. J. BUNGE, Dissertation Universität Halle 1953 und H. J. BUNGE und H. G. MÜLLER, Z. Metallkde. **48** (1957) 26.

Einige Probleme des Wachstums und der Eigenschaften synthetischer Kristalle

Von W. KLEBER, Berlin

Die physikalischen Eigenschaften eines Einkristalls resultieren bekanntlich aus dem Zusammenspiel von Idealstruktur, Realbau und den Elektronenzuständen seiner Bausteine, d. h., sie ergeben sich letzten Endes — und kurz ausgedrückt — als Konsequenz der realen *Elektronendichteverteilung* eines bestimmten Kristallindividuums. Die allgemeine Korrespondenz zwischen Eigenschaften und Struktur von Kristallen ist in [12] ausführlich behandelt. In diesem Referat soll das physikalische Verhalten eines Kristalls als Funktion der Wachstumsbedingungen (Temperatur, Druck, Überschreitung, Ziehgeschwindigkeit, Einbau von Fremdstoffen, Adsorption usw.) betrachtet werden.

Gleich zu Beginn sei auf eine grundsätzliche Schwierigkeit hingewiesen, die im Wesen der Kristallisationsprozesse begründet liegt: Kristallwachstum kann prinzipiell nicht im Gleichgewicht erfolgen; vielmehr sind stets — z. T. beträchtliche — Überschreitungen erforderlich, damit es zu einer Substanzanlagerung an einem vorgegebenen Kristall kommen kann. Das ist zum erstenmal deutlich und eindringlich von HONIGMANN [8] zum Ausdruck gebracht worden. Man kann zwar theoretisch das „Gleichgewichtspolyeder" ableiten, indem man etwa vom GIBBS-CURIEschen Satz ausgeht. Danach stellt für das Gleichgewichtspolyeder die gesamte spezifische freie Oberflächenenergie ein Minimum dar, wobei sich dann mit Hilfe der WULFFschen Konstruktion das Gleichgewichtspolyeder in einfacher Weise gewinnen läßt [10]. Aber das Gleichgewichtspolyeder kann grundsätzlich nicht experimentell realisiert werden. Wir können es durch geeignete Versuchsbedingungen approximieren, aber der Zusammenhang mit dem realen Wachstumspolyeder ist komplizierter.

Für unsere Betrachtung ist nun wichtig, daß nicht nur die Morphologie, sondern auch die physikalischen Eigenschaften durch die realen Wachstumsbedingungen entscheidend modifiziert werden. Im experimentellen Kristallisationsvorgang, der im Nichtgleichgewicht abläuft, bilden sich wesentliche Züge des Realbaus, der durch ein spezifisches Ensemble von Baufehlern charakterisiert wird [10, 13]. Früher war es üblich, zwischen störungsempfindlichen und störungsunempfindlichen Eigenschaften zu unterscheiden [12]. Es ist dies aber nur eine Frage der Meßgenauigkeit. Auch früher als störungsunempfindlich bezeichnete Eigenschaften — z. B. die Gitterdimensionen — sind von der Realstruktur her zu beeinflussen.

Reales Kristallwachstum

Bereits höhere Überschreitungen führen zu ganz bestimmten Störungen des Kristallbaus. Zunächst hängt die Keimbildungshäufigkeit von der Überschreitung ab: Je größer die Überschreitungen werden, um so geringer wird die Keimbildungsarbeit, und um so größer wird damit die Keimbildungshäufigkeit. Außerdem werden mit steigender Überschreitung die Dimensionen der dreidimensionalen Keime kleiner. Betrachten wir das STRANSKI-Modell eines Kristalls, das ein einfach kubisches Gitter darstellt und bei dem nur die Wechselwirkungen zwischen den nächsten Nachbarn berücksichtigt werden, so ergibt sich für die Zahl der Bausteine längs der Kante eines Keimwürfels $n_3 = 2\psi/kTS$ (vgl. [12] S. 104). Hierin bedeuten ψ die Abtrennungsarbeit benachbarter Bausteine, k die BOLTZMANN-Konstante, T die absolute Temperatur und S der Übersättigungswert. Je kleiner nun aber der Keim ist, um so größer wird nach STRANSKI [25] die Wahrscheinlichkeit für die Bildung „dreidimensionaler Kantenkeime", d. s. Keime, die an einer Kristallkante entstehen und nicht exakt zum ursprünglichen Kristallblock orientiert sind („Mosaikblock"-Bildung).

Man kann auch mit SEARS [21] von der Bildung zweidimensionaler Keime ausgehen und zwischen kohärenten und nicht-kohärenten Keimen unterscheiden. Kohärente zweidimensionale Keime sind solche, die strukturgeometrisch exakt auf dem Gitterblock als Unterlage orientiert sind. Nicht-kohärente Keime dagegen sind solche, für die das nicht genau zutrifft, die also gewisse Orientierungsfehler aufweisen. Man kann nun — wieder unter Zugrundelegung des STRANSKI-Modells — das Verhältnis der Bildungshäufigkeiten für kohärente und nicht-kohärente Keime ausrechnen, wobei sich folgender Ausdruck ergibt [14, 15]:

$$Q_2 = J_2'/J_2 = \exp\left\{-\frac{\psi^2}{(kT)^2 S}\cdot\frac{\psi-\overline{\psi}'}{kTS-(\psi-\overline{\psi}')}\right\}.$$

$\overline{\psi}'$ ist die mittlere Abtrennungsarbeit für einen nicht-kohärenten Keim. Man erkennt leicht, daß mit zunehmendem Übersättigungswert die relative Anzahl der nicht-kohärenten Keime zunimmt, während diese Zahl mit $S \to 0$ ebenfalls gegen Null geht [14]. Das bedeutet aber, daß mit zunehmender Übersättigung die Orientierungsfehler zunehmen.

Daß die Ziehgeschwindigkeit die „Qualität" eines Kristalls beim Züchten aus der Schmelze beeinflußt, ist neuerdings von PEIBST [19] bei Wachstumsversuchen an Fluorit gezeigt worden: Das Gefüge eines Einkristalls wird bei „zu großer" und bei „zu kleiner" Ziehgeschwindigkeit schlechter, so daß ein Maximalwert für den Idealitätsgrad bei mittleren Ziehgeschwindigkeiten erreicht werden kann. Es ist einleuchtend, daß solche Ergebnisse von großer praktischer Bedeutung sind.

Liegen im wachsenden Kristall scharfe Temperaturgradienten vor, so treten innere Spannungen auf, die durch die Bildung von Versetzungen gelöst werden. Versetzungen entstehen ja als Folge der Nichtgleichgewichtsvorgänge beim Kristallwachstum [22]. Aber auch thermodynamische Defekte, deren Zahl durch die Temperatur mitbestimmt wird, können beim Abkühlen eingefroren werden, so daß sie nicht mehr im Gleichgewicht vorliegen.

Beim Einbau von Fremdstoffen wäre zwischen mischkristallartigen und nicht-mischkristallartigen Einlagerungen zu unterscheiden. Beim mischkristallartigen Einbau ist auch der Mechanismus der Bildung von Adsorptionsmischkristallen („anomale Mischkristalle") zu berücksichtigen [11]. In allen diesen Fällen liegt eine Störung des strukturellen Baus vor, die zu spezifischen Konsequenzen für das physikalische Verhalten führt.

Physikalische Konsequenzen

Daß durch das Vorhandensein von Baufehlern die Dichte beeinflußt werden kann, ist schon lange bekannt. Ein klassisches Beispiel hierfür ist der Magnetkies, bei dem eine Struktur vom NiAs-Typ vorliegt, aber praktisch nie das stöchiometrische Verhältnis Fe : S = 1 : 1 besitzt, sondern Schwefelüberschuß. Sorgfältige Dichtemessungen haben gezeigt, daß die scheinbar schwefelreichen Phasen Eisen-Leerstellen besitzen [4]. ADDINK [1] legte allgemein die gemessene Dichte zur Beurteilung des „Unvollkommenheitsgrades" eines Kristalls zugrunde, wobei er die LOSCHMIDTsche Zahl N_L jeweils aus der gemessenen Dichte und den Dimensionen der Elementarzelle berechnete. Tabelle 1 gibt einige charakteristische Werte wieder.

Tabelle 1

Kristall	$N_L \cdot 10^{-23}$	Unvollkommenheitsgrad in %
Diamant	6,0227 ± 0,0003	0
Alkalichloride (aus der Lösung)	6,0228	0,001
Quarz	6,0229 ± 0,0006	0,002
Kalzit	6,0230 ± 0,0014	0,004
Selen	6,0235 ± 0,0010	0,012
Alkalichloride (aus der Schmelze)	6,0237	0,016
PbO (rote Modifikation)	6,0253 ± 0,0027	0,04
Zinn	6,0260 ± 0,0010	0,054
Verschiedene Metalle	6,0263	0,059
PbO (gelbe Modifikation)	6,0320 ± 0,0035	0,152

Für unsere Betrachtung im besonderen ist u. a. bemerkenswert, daß Alkalihalogenid-Kristalle, die aus der Lösung kristallisiert sind, im allgemeinen einen höheren Idealitätsgrad besitzen als solche, die aus der Schmelze gezogen werden.

Der Einfluß von Versetzungen auf die Dichte eines Kristalls ist von SEEGER [23] eingehend analysiert worden. Danach liefert die lineare Elastizitätstheorie keinen Beitrag der Versetzungen für die gesamten Volumenänderungen. Dagegen gelangt man bei Anwendung der nicht-linearen Theorie der Elastizität auch zu einem Einfluß der Versetzungen auf die mittlere Dichte des Kristalls, wobei der hauptsächliche Beitrag nicht vom Versetzungskern selbst, sondern von seiner weiteren Umgebung herrührt.

Daß die Festigkeit durch Gitterstörung stark verändert werden kann, ist in den letzten Jahren insbesondere im Zusammenhang mit den Problemen des Wachstums und der Eigenschaften von Whiskern gezeigt worden. Gerade die Whisker demonstrieren ein recht instruktives Beispiel für die Beziehung zwischen speziellen Wachstumsbedingungen und Kristalleigenschaften. (Zahlenbeispiel: Festigkeit für einen Cu-Whiskerkristall: $2{,}4 \cdot 10^4$ kg/cm², für ein getempertes Cu: $1{,}5 \cdot 10^3$ kg/cm², für einen realen Cu-Einkristall: 200 kg/cm²: vgl. [5].)

Es ist bekannt, daß die Theorie der Versetzungen im Zusammenhang mit der Deutung des plastischen Verhaltens der Kristalle entwickelt worden ist [12]. Auf die störungsempfindliche Absorption und die störungsempfindliche Leitfähigkeit soll im speziellen Teil dieser Ausführungen näher eingegangen werden.

Ein besonders wertvolles Beispiel für die Abhängigkeit physikalischer Eigenschaften vom Realbau wurde neuerdings von ROTH [20] gegeben: Die Korrespondenz zwischen magnetischer und Defektstruktur von Einkristallen ist auf experimenteller Basis beim FeO nachzuweisen. In der FeO-Struktur liegen Leerstellen mit oktaedrischer Koordination und Eisenionen auf tetraedrisch koordinierten Zwischengitterplätzen vor, so daß magnetitartige Störbereiche ausgebildet werden, die naturgemäß das magnetische Verhalten entscheidend beeinflussen.

Experimentelle Beispiele

Im folgenden sollen zwei Beispiele ausführlicher behandelt werden, deren Untersuchung im Rahmen der Forschungsarbeiten des Mineralogisch-Petrographischen Instituts der Humboldt-Universität, Berlin, durchgeführt wurde und die für die Beziehung zwischen Wachstumsbedingungen und physikalischem Verhalten recht instruktiv erscheinen.

1. *Absorptionsverhalten manganhaltiger Korunde.* Korund-Einkristalle mit Mangan-Gehalten von 0 bis 1,5 Mol-% wurden nach dem VERNEUIL-Verfahren hergestellt und ihr Absorptions-

verhalten untersucht [16]. Das Bandenmaximum liegt bei 480 bis 490 mμ und die Absorptionskante zwischen 235 und 306 mμ, wobei mit wachsendem Mn-Gehalt eine Rotverschiebung der Kante erfolgt.

In diesem Zusammenhang soll in erster Linie der Einbaumechanismus des Mangans betrachtet werden. Vergleicht man die beobachteten Absorptionskurven mit anderen im Schrifttum angegebenen Daten, so gelangt man zu der Schlußfolgerung, daß als Chromophore überwiegend Mn^{3+}-Ionen in Betracht gezogen werden müssen: Nach HARTMANN und SCHLÄFER [6] zeigt der Cs–Mn-Alaun ein Absorptionsmaximum bei 475 mμ, nach BRENNER [2] wurde für einen manganhaltigen MgAl-Spinell eine Absorptionsbande bei 455 mμ bestimmt.

Aber auch die Theorie der Termaufspaltung führt zu einer weitgehenden Übereinstimmung der Beobachtungen mit der Annahme, daß in den manganhaltigen Korunden hauptsächlich Mn^{3+}-Ionen vorliegen: Nach TANABE und SUGANO [26] ergibt der Oktaederkomplex mit kubischer Feldsymmetrie bei einer $3d^4$-Konfiguration des Zentralions einen Kristallfeldparameter von 2100 cm^{-1} und damit Absorptionslinien bei 475 mμ usw.

Es bleibt noch übrig, die beobachtete Rotverschiebung der Absorptionskante zu erklären. Zunächst lag es nahe, diese Erscheining qualitativ auf die Gitteraufweitung im Sinne der Theorie von MÖGLICH und ROMPE [18] zurückzuführen. Wie eine Rechnung zeigt [16], reicht jedoch dieser Effekt um Größenordnungen nicht zur quantitativen Deutung der Kantenverschiebung aus. Wir gelangten deshalb zu der Annahme, daß bei den manganhaltigen Korunden — mindestens zum Teil — Adsorptionsmischkristalle („anomale" Mischkristalle) zwischen α-Al_2O_3 und Mn_2O_3 (Fluoritstruktur mit Anionenleerstellen) vorliegen. Die gittermetrischen Relationen zwischen den beiden Strukturen stützen eine solche Annahme:

α-Al_2O_3		Mn_2O_3	
(0001)	‖	(001)	
a	‖	[100]	
$2a_0 = 9{,}54$		$a_0 = 9{,}43$	$\Delta a_0/a_0 = 1{,}2\%$
$a_0\sqrt{3} = 8{,}28$		$a_0 = 9{,}43$	$\Delta = 12{,}2\%$
$2c_0 = 26{,}08$		$3a_0 = 28{,}29$	$\Delta = 7{,}8\%$
Gitterenergie: 3726		2187	Kcal/Mol

Es existieren aber noch weitere Argumente, die auf eine Bildung von Adsorptionsmischkristallen beim Mangan-Einbau in die Korundstruktur hinweisen. Nach TIEDE und LÜDERS [27] liefert Mangan in α-Al_2O_3 einen typisch nachleuchtenden Phosphor. Im Gegensatz zu normalen Mischkristallen mit diadochem Einbau des Mangans, die nur fluoreszieren, zeigen „anomale" Mischkristalle Phosphoreszenz (vgl. hierzu auch H. SEIFERT [24], S. 442 und S. 445). Auch bei den Saphiren dürften Adsorptionsmischkristalle mit Eisen- und Titangehalten vorliegen [24].

Damit erklärt sich die Kantenverschiebung als einfache Überlagerung der Absorptionskurven von α-Al_2O_3 und Mn_2O_3. Die Rechnung liefert dann für die Rotverschiebung folgenden Ausdruck [16]:

$$\lambda - \lambda_0 = C \cdot \ln [1 + B \cdot x].$$

Hierin sind B und C Konstanten und $100 \cdot x =$ Mol.-% Mn_2O_3 im α-Al_2O_3. Diese Beziehung liefert eine weitgehende Übereinstimmung mit den experimentellen Werten.

2. *Elektrisches Verhalten synthetischer Rutile.* Synthetische Rutil-Einkristalle wurden ebenfalls nach dem VERNEUIL-Verfahren gezüchtet, und ihr elektrischer Widerstand wurde in Abhängigkeit von der Temperatur und vom Reduktionsgrad untersucht [17]. Zunächst zeigte sich grundsätzlich, daß (sauerstoffreiche) farblose Kristalle einen hohen Widerstand aufweisen, während der Widerstand (reduzierter) dunkler Kristalle stark variiert und im allgemeinen geringer ist. Mit steigendem Reduktionsgrad nimmt der Anstieg der Leitfähigkeit bzw. der Aktivierungsenergie mit der Temperatur ab.

Die Diskussion der experimentellen Ergebnisse führt hinsichtlich des Leitfähigkeitsmechanismus zu der heute wohl kaum mehr bezweifelten Vorstellung, daß bei den vom Rutil abgeleiteten Titanoxyden eine Elektronenüberschußleitung (n-Leitung) vorliegt ([7], S. 136). Das wird durch Messungen des Hall-Effektes, der Abhängigkeit der Leitfähigkeit vom O_2-Partialdruck und durch die Tatsache belegt, daß TiO_2 Titan mit der höchsten Wertigkeitsstufe enthält ([12], S. 250).

Eine andere Frage, die auch heute noch lebhaft umstritten ist, betrifft die Ursache des n-Typ-Mechanismus: Er kann entweder durch den Einbau von Titan-Ionen auf Zwischengitterplätzen oder durch Sauerstoff-Leerstellen in der Rutilstruktur erklärt werden. Mit Hauffe [7] neigen wir [17] hauptsächlich aus folgenden Gründen zur letzteren Annahme: 1. Messungen haben eine Abnahme der Dichte mit abnehmendem Sauerstoffgehalt ergeben. 2. Ein Einbau von Titan-Ionen auf Zwischengitterplätzen ist kristallchemisch wenig wahrscheinlich, da die sechsfach koordinierten Lücken in $0\frac{1}{2}\,\frac{1}{2}$ der Rutilstruktur wesentlich zu klein sind.

In einer Veröffentlichung von Hurlen [9] wird demgegenüber für den Einbau von Titan auf Zwischengitterplätzen plädiert. Abgesehen von einigen wenig gravierenden Argumenten stützt sich Hurlen auf eine röntgenographisch nachgewiesene Gitterdehnung mit abnehmendem Sauerstoffgehalt. Er glaubt dies nur mit der Annahme eines Titan-Einbaus erklären zu können. Wenn man jedoch von dem Vorhandensein von Sauerstoff-Leerstellen ausgeht und annimmt, daß mit diesen Lücken $Ti^{4+} \rightarrow Ti^{3+}$-Übergänge gekoppelt sind, dann kann wegen der geringeren Ladung und wegen des größeren Ionenradius durchaus auch eine Gitteraufweitung — insbesondere in Richtung der c-Achse — gefolgert werden. (Nach Hurlen bleibt die Gitterkonstante a_0 praktisch konstant!) Den Einwand, der durch die beobachtete Dichteabnahme mit abnehmendem Sauerstoffgehalt möglich wird, übergeht Hurlen mit der Bemerkung, daß solche Messungen nicht hinreichend zuverlässig seien.

Setzen wir voraus, daß mit der Reduktion des Rutils die Bildung von Sauerstoffionen-Leerstellung parallel geht, so können folgende Störstellen in der Rutilstruktur angenommen werden: $[0_\square]^{2+}$, $[0_\square \cdot Ti^{3+}]^{1+}$ und $[0_\square \cdot 2Ti^{3+}]^0$. Mit dem Übergang von Ti^{4+}-Ionen in Ti^{3+}-Ionen in der Nähe einer Sauerstoff-Leerstelle entstehen in der Rutilstruktur Ti_2O_3-ähnliche Störbereiche [17]. Mit zunehmendem Reduktionsgrad, d. h. mit steigender Anzahl der Sauerstoff-Leerstellen pro Volumeneinheit, ist eine Intensivierung des Übergangs

$$[0_\square \cdot 2\odot\,]^\circ \rightarrow [0_\square \cdot 2Ti^{3+}]^\circ$$

und damit eine Vergrößerung der Ti_2O_3-Störbereiche zu vermuten, so daß eine Abnahme der Aktivierungsenergie verständlich wird.

Allgemeine Schlußfolgerungen

Die hier gegebene Darstellung sollte an zwei konkreten Beispielen die Abhängigkeit des physikalischen Verhaltens (Absorption bzw. elektrische Leitfähigkeit) von den spezifischen Wachstumsbedingungen (Mechanismus der Bildung von Adsorptionsmischkristallen bzw. Reduktionsgrad) aufzeigen. Man erkennt, daß es die individuellen (im wesentlichen störungsempfindlichen) Eigenschaften sind, die durch den empfindlich auf Änderungen der Wachstumsbedingungen reagierenden Realbau bestimmt werden. Demgegenüber stellen die allgemeinen Arteigenschaften eines Kristalls (z. B. die kristallographische Lage einer Spaltebene) eine Funktion der Idealstruktur dar.

Die skizzierten Zusammenhänge haben außerordentlich wichtige praktisch-technische Konsequenzen: Bei der industriellen Züchtung von Einkristallen kann es Aufgabe sein, durch spezifische Wachstumsbedingungen die gewünschten Eigenschaften maximal zu erzielen — etwa dadurch, daß die Bildung von Baufehlern nach Möglichkeit verhindert werden soll (z. B. Einkristalle für optische Zwecke) oder daß spezifische Defekte dotiert werden (z. B. Halbleiter).

Literatur

[1] ADDINK, N. W. H., Nature **157** (1946) 764.
[2] BRENNER, K., Dissertation, Bonn 1955.
[3] ECKSTEIN, B. u. PEIBST, H., Z. phys. Chem. **209** (1958) 381.
[4] HÄGG, G. u. SUCKSDORFF, I., Z. phys. Chem. **B 22** (1933) 444.
[5] HALLA, F., Kristallchemie und Kristallphysik metallischer Werkstoffe. 3. Aufl. Leipzig 1957. S. 88.
[6] HARTMANN, H. u. SCHLÄFER, H. L., Z. Naturf. **6a** (1951) 760.
[7] HAUFFE, K., Reaktionen in und an festen Stoffen. Berlin-Göttingen-Heidelberg 1955.
[8] HONIGMANN, B., Gleichgewichts- und Wachstumsformen von Kristallen. Darmstadt 1958.
[9] HURLEN, TOR, Acta Chem. Scandinavica **13** (1959) 365.
[10] KLEBER, W., Fortschr. Min. **21** (1937) 169.
[11] KLEBER, W., Z. phys. Chem. **212** (1959) 222. (Schiebold-Festheft I) **B 37** (1959) 11. Fortschr. Min. **38** (1960) 72.
[12] KLEBER, W., Angewandte Gitterphysik. 3. Aufl. Berlin 1960.
[13] KLEBER, W., Einführung in die Kristallographie. 4. Aufl. Berlin 1960.
[14] KLEBER, W., Z. phys. Chem. **216** (1961) 258.
[15] KLEBER, W., Fortschr. Min. **39** (1961) 1, 40.
[16] KLEBER, W., PEIBST, H. u. REINHOLD, I., Z. phys. Chem. **216** (1961) 98.
[17] KLEBER, W., PEIBST, H. u. SCHRÖDER, W., Z. phys. Chem. **215** (1960) 63.
[18] MÖGLICH, F. u. ROMPE, R., Z. Phys. **119** (1942) 472.
[19] PEIBST, H., Z. phys. Chem. **216** (1961) 304.
[20] ROTH, W. L., Acta Cryst. **13** (1960) 140.
[21] SEARS, G. W., J. chem. Phys. **31** (1959) 157.
[22] SEEGER, A., Versetzungen — ihre Rolle in der Kristallphysik, „Physikertagung Heidelberg 1957", 107—125.
[23] SEEGER, A., Nuovo Cim. (Serie X) **7** (1958) (2. Suppl.) 632.
[24] SEIFERT, H., Fortschr. Min. **22** (1937) 185.
[25] STRANSKI, I. N., Optik **3** (1948) 17.
[26] TANABE, YUKITO, u. SATORU SUGANO, J. phys. Soc. Japan **9** (1954) 753.
[27] TIEDE, E. u. LÜDERS, H., Ber. Dtsch. Chem. Ges. **62** (1929) 758.

Über wachstumsbedingte Kristallfehler und ihre Entstehung

Von H. Peibst, Berlin

Versetzungen, Korngrenzen usw. können einen erheblichen Einfluß auf die physikalischen Eigenschaften der Kristalle haben. Man ist deshalb bestrebt, nicht nur Kristalle von hohem chemischen Reinheitsgrad herzustellen, sondern vor allem auch solche mit einem hohen Idealitätsgrad.

Über die Zusammenhänge zwischen diesem und den Wachstumsbedingungen liegen experimentelle Beobachtungen vor. Es ist ferner bekannt, daß sich Versetzungen usw. außerhalb des thermischen Gleichgewichtes befinden und nur durch mechanische Einwirkungen entstehen bzw. durch ein nichtideales Wachstum hervorgerufen werden können.

Um hierfür eine Erklärung zu finden, wird der Versuch unternommen, das Kristallwachstum mit einem Fehlordnungsmechanismus zu beschreiben. Dabei wird angenommen, daß sich zwischen Kristall und Schmelze eine orientierte Zwischenschicht ausbildet, in der eine höhere Gleichgewichtsfehlordnung herrscht als im Kristall. Der eigentliche Kristallisationsprozeß wird als Ausscheidungsvorgang der Eigenfehlordnung aufgefaßt. Die mathematische Behandlung des Problems führt auf Funktionen, die den bekannten Wachstumsformeln sehr ähnlich sind. (Es haben lediglich die Konstanten eine etwas andere Bedeutung.)

Die Züchtung sollte immer dann versetzungsarme Kristalle liefern, wenn die Wachstumsfläche eine hohe Symmetrie aufweist und eine starke energetische Kopplung in sich selbst und mit der Schmelze besitzt. Durch eine ungünstige Wahl der Ziehgeschwindigkeit und des Temperaturgradienten kann die Ausbildung von Grobgefügestörungen gefördert werden.

Die Theorie wird mit den Züchtungsergebnissen bei der Synthese von CaF_2-Kristallen verglichen. Es zeigt sich, daß sich die Voraussagen bestätigen und daß darüber hinaus noch Hinweise für die Deutung einiger anderer Erscheinungen gegeben werden können.

Eine ausführliche Arbeit ist in Z. phys. Chem. **216** (1961) 304.

Über Ferritspinelle in basischen feuerfesten Baustoffen

Von H.-J. BAUTSCH, Berlin

Die Spinellphase und hiervon insbesondere die Ferritspinelle sind wegen ihrer speziellen Reaktionseigenschaften für das technische Verhalten der basischen feuerfesten Baustoffe von entscheidender Bedeutung. In Forsteritsteinen aus Kammergitterungen von Siemens-Martin-Öfen, die im Rahmen eines Untersuchungsprogramms zur petrograpghischen Charakterisierung basischer feuerfester Baustoffe erzmikroskopisch studiert wurden (BAUTSCH, Freiberger Forschungshefte **C 106**, 1960), bildet Magnetit in einer Glasmatrix eine bis zu mehreren cm starke Kruste. Hierin läßt sich die Bildung von Magnetit aus Hämatit verfolgen. An der Oberfläche bildet sich durch Adsorption aus den Ofenabgasen Hämatit in bis zu 50 μm große Tröpfchen, die als Einkristalle vorliegen. Entsprechend einem geringeren Oxydationspotential in Silikatschmelzen wird Hämatit instabil und dissoziiert zu Magnetit. Bestimmte Texturen zeigen eine orientierte Pseudomorphose an. Es sind die gleichen Orientierungen wie bei der Martitisierung von Magnetit. Entsprechend der polaren Symmetrie bilden sich feinlamellare Zwillinge nach (111). Die Magnetitpseudomorphosen kristallisieren zu idiomorphem Magnetit um. Reliktisch auftretende, parallel (111) liegende, isotrope, heller reflektierende Partien in Magnetiten weisen darauf hin, daß die Umwandlung über die Maghämitphase oder ähnlich geordnete Strukturen verläuft.

Über die Fällung und thermische Zersetzung der Ammoniumparawolframate

Von M. Hähnert, und G. Kohlstrung, Berlin[1])

Bei der Erzeugung des für den Sektor der Glühlampen- und Röhrenindustrie benötigten Wolframmetalls werden hinsichtlich der Reinheit die höchsten Anforderungen gestellt, die zur Ausarbeitung einer speziellen Aufbereitungs- und Reinigungstechnologie geführt haben. Unter den verschiedensten Methoden, die zur Verarbeitung von Wolframerzkonzentraten inzwischen bekannt geworden sind, findet hauptsächlich ein Verfahren bei uns Anwendung, bei dem der Wolframit zusammen mit Soda bei etwa 800 °C aufgeschlossen und das gewonnene Schmelzgut mit Wasser ausgelaugt wird, wobei Natriumwolframat in Lösung geht und die Oxyde des Fe und Mn sowie Ti, Sn, Ta und Nb als unlösliche Bestandteile zurückbleiben.

Aus dem so entstandenen Natriumwolframat fällt man aus Reinigungsgründen nicht sofort die Wolframsäure aus, sondern erzeugt durch Versetzen mit Kalziumchlorid Kalziumwolframat, das später mittels Salzsäure zu Wolframsäurehydrat umgesetzt wird. Da aber die Anforderungen an den Reinheitsgrad der Wolframsäure, insbesondere für die Herstellung des duktilen Metalls und die Weiterverarbeitung zu Feinstdrähten, sehr hoch sind, ergibt sich die Notwendigkeit, einen weiteren Reinigungsprozeß anzuschließen. Hierbei wird die Wolframsäure in Ammoniak gelöst und mit HCl als Ammoniumparawolframat gefällt. Durch diesen Fällungsprozeß wird nicht nur der größte Anteil der Verunreinigungen weitgehend verringert, sondern auch das Gefüge des Sinterstabes und des späteren Wolframdrahtes entscheidend beeinflußt. Rein empirisch wurde eine Beziehung zwischen vielen gefügeabhängigen technologischen Eigenschaften des pulvermetallurgisch erzeugten Drahtes und der Kristallgröße, Kornform sowie der Oberfläche des Ammoniumparawolframates festgestellt, so daß gerade der Fällungsprozeß und die daran anschließende thermische Zersetzung zum WO_3 eine relativ wichtige Stellung im Produktionsablauf einnehmen.

Das Problem wird dadurch kompliziert, daß über die auftretenden chemischen Verbindungen ein überaus reiches experimentelles Material, das bis in die heutige Zeit eine sehr verschiedene Deutung erfahren hat, existiert. In einer Zeit von etwa 1830 bis heute ist man zu der Auffassung gekommen, daß sich 3 Reihen von Wolframaten unterscheiden lassen:

1. Normale und Diwolframate — $Me^I_2O \cdot WO_3$ bzw. $Me^I_2O \cdot 2\,WO_3$,
2. Parawolframate — $5\,Me^I_2O \cdot 12\,WO_3 \cdot x\,H_2O$,
3. Metawolframate — $Me^I_2O \cdot 4\,WO_3 \cdot y\,H_2O$.

Die Formulierungen für diese Verbindungstypen führte bereits Laurent [1] ein.

Die meisten unserer Untersuchungen zum Zwecke der Herstellung der Ammoniumparawolframate wurde mit Ammoniumwolframatlösungen durchgeführt, die 5—15% WO_3 (in einzelnen Fällen 30%) enthielten. Läßt man zu einer solchen Lösung langsam Säure, in diesem Falle Salzsäure, zutropfen, so scheidet sich ein weißes Wolframsäurehydrat ab, das durch Rühren leicht wieder in Lösung gebracht werden kann. Über die sich dabei abspielenden Kondensationsreaktionen wurden insbesondere von Jander und Mitarbeitern [2, 3, 4] eingehende Unter-

[1]) Vorgetragen von G. Kohlstrung.

suchungen durchgeführt. Bei etwa einem *pH*-Wert von 8 beginnt die Kondensation der anwesenden Monowolframationen WO_4^{2-}. Im *pH*-Intervall 4—6 sinkt der Diffusionskoeffizient bis zu einem Wert, der einem Ion entspricht, das ca. 6mal so schwer wie das Anion des normalen Wolframats ist und das Parawolframation darstellt:

$$WO_4^{2-} + H^+ \rightleftarrows HWO_4^- .$$

$$6\,HWO_4^- + H^+ \rightleftarrows HW_6O_{21}^{5-} + 3\,H_2O .$$

Nach Lindquist [5] liegt allerdings im festen Zustand ein Dodekawolframatkomplex vor. Aus der Strukturbestimmung resultiert für das Parawolframation eine Zusammensetzung von $W_{12}O_{46}^{20-}$.

Durch Variation von Reaktionstemperatur, Lösungskonzentration sowie Fällungsgeschwindigkeit wurde nun versucht, eine Einwirkung auf die Ausbildung der Ammoniumparawolframate zu erzielen. Bei den erwähnten Konzentrationen ergaben sich bei Temperaturen bis zu etwa 50 °C plattige, nach der *a*-Achse gestreckte Fällungsprodukte der Abb. 1. Eine Erhöhung der Temperatur über 50 °C begünstigte dagegen die Ausbildung einer 2. Fraktion (siehe Abb. 2).

Die chemischen Analysen beider Salze führten zu Werten, die einer Zusammensetzung von $5\,(NH_4)_2O \cdot 12\,WO_3 \cdot 7\,H_2O$ [6] bzw. $5\,(NH_4)_2O \cdot 12\,WO_3 \cdot 5\,H_2O$ entsprechen. Die ermittelten Gewichtsprozente für $(NH_4)_2O$, WO_3 und H_2O sind in Tabelle 1 zusammengestellt.

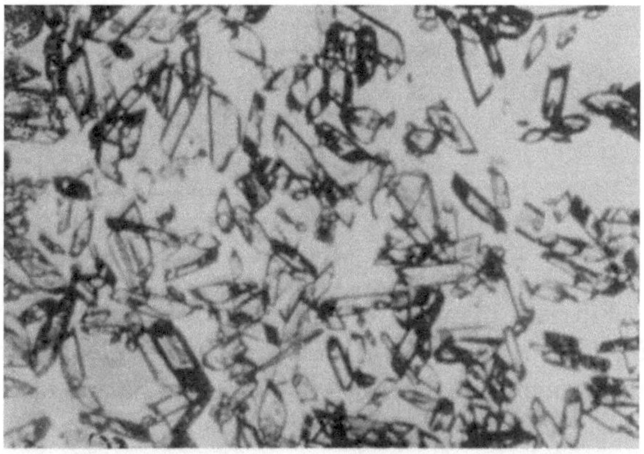
1

Abb. 1. Gefälltes Ammoniumparawolframat-Heptahydrat

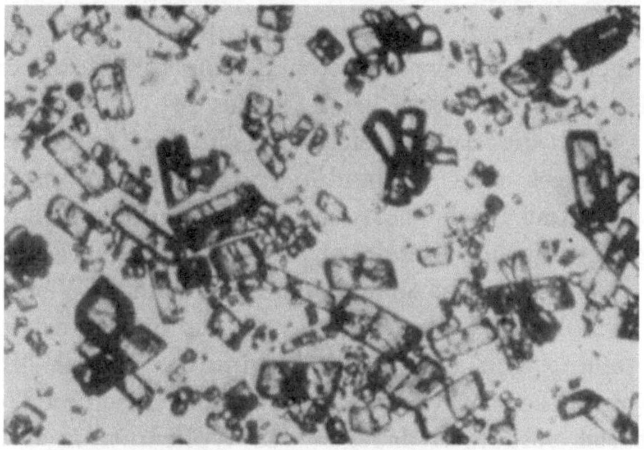
2

Abb. 2. Bei 70 °C abgeschiedenes Ammoniumparawolframat-Pentahydrat

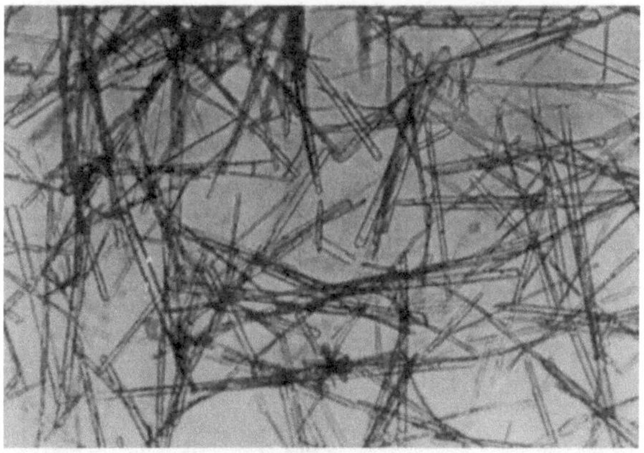
3

Abb. 3. Dünne Nadeln von Ammoniumparawolframat-Hendekahydrat

4

Abb. 4. Thermisch zersetztes Natrium-Ammonium-Parawolframat; Faserung n. [001]

Tabelle 1

	$(NH_4)_2O$	WO_3	H_2O	Summe
Fraktion 1	7,98	87,86	3,94	99,78
berechnet	8,22	87,80	3,98	—
Fraktion 2	8,33	88,65	2,83	99,81
berechnet	8,31	88,81	2,88	—

Filtriert man die erhaltenen Niederschläge, so scheiden sich aus den Restlösungen nadelförmige Kristalle ab, die, wie ein Vergleich der zählrohrgoniometrisch ermittelten *d*-Werte zeigt, nicht mit den oben behandelten Salzen identisch sind.

Die chemischen Analysen dieser Kristallisationsprodukte ergaben Daten, die zu einer Verbindung führen, die früher von Marignac [7] und Taylor [8] als „gewöhnliches Ammoniumparawolframat" bezeichnet wurde und die erstmalig Anthon 1836 [9] darstellte. Analysenergebnisse, Gitterparameter, Raumgruppe sowie morphologische Beschreibung des 7er- und 11er-Hydrats finden sich bei Hähnert [6].

Sind die Ausgangslösungen infolge aufbereitungstechnischer Fragen natriumhaltig, kristallisiert eine Verbindung, der die Zusammensetzung $Na_2O \cdot 4(NH_4)_2O \cdot 12\,WO_3 \cdot 13\,H_2O$ zukommt. Nach Verbrauch des vorhandenen Alkalibetrages entsteht dann das reine Ammoniumparawolframat-Hendekahydrat. Röntgenographische Daten sind bereits bei [10] angegeben.

Interessant ist auch das unterschiedliche Verhalten der einzelnen Ammoniumparawolframate bei höheren Temperaturen, was für die Industrie insofern von Bedeutung ist, da bei der Darstellung von reinem Wolframpulver für die Drahtfertigung das Ammoniumparawolframat (bisher bei 650 °C) im Luftstrom thermisch zu WO_3 zersetzt wird. Wesentlich höhere Temperaturen verderben dagegen das Wolframtrioxyd hinsichtlich der Makrokristallbildung bei der Sinterung. Man ist daher bestrebt, mit der Glühtemperatur herunterzugehen, wobei aber eine quantitative Überführung in WO_3 gewährleistet werden soll.

Tabelle 2. Gegenüberstellung der *d*-Werte des Ammoniumparawolframat-Penta-(1), Hepta (2)- und Hendeka (3)-Hydrats (die relativen Intensitäten sind unkorrigiert)

1		2		3	
d Å	I/I_1	*d* Å	I/I_1	*d* Å	I/I_1
10,333	100	11,388	100	12,242	90
8,559	30	11,107	25	9,696	75
6,484	15	9,080	15	9,010	60
5,147	60	8,087	10	6,271	20
4,885	15	5,722	55	5,048	20
4,254	10	3,520	15	4,571	15
3,657	15	3,369	10	3,576	50
3,572	25	3,302	10	3,470	20
3,234	60	3,212	10	3,401	25
3,021	30	3,167	13	3,283	50
2,973	50	3,105	15	3,158	90
2,916	15	3,048	13	3,106	45
2,887	55	2,984	20	2,987	100
2,799	15	2,896	10	2,923	35
2,769	10	2,846	15	2,826	70
2,688	10	2,749	10	2,704	20
2,636	15	2,658	13	2,626	25
2,545	20	2,626	10	2,517	40
2,510	40	2,565	15	2,379	20
1,875	15	2,332	10	1,640	20
1,841	10	2,109	10	1,454	30

Die an den einzelnen Ammoniumparawolframaten durchgeführten Gewichtsverlustbestimmungen in Abhängigkeit von der Temperatur ergaben, daß die Abspaltung von Wasser und Ammoniak schon zwischen 60 und 80° beginnt und im allgemeinen stufenweise erfolgt. Mikroskopisch macht sich der Beginn der Zersetzung in einer Faserung der Kristalle in der Spaltrichtung bemerkbar, die sich mit zunehmender Temperatur immer mehr verdichtet, bis sich schließlich das Innere des Kristalls restlos zersetzt hat, wobei jedoch die ursprüngliche Kristallgestalt vollkommen erhalten bleibt (Abb. 4). Diese Pseudomorphosen sind schon von ANTHON [9] und KERNDT [11] beobachtet worden, während rein strukturell über die thermische Zersetzung der Ammoniumparawolframate bisher nur wenige Untersuchungen vorliegen. Daher standen beim Studium des Zersetzungmechanismus besonders strukturelle Gesichtspunkte im Vordergrund.

Durch röntgenographische und differentialthermoanalytische Untersuchungen konnte nachgewiesen werden, daß die thermische Zersetzung der verschiedenen Ammoniumparawolframate einen amorphen Bereich zwischen 250 und 380 °C durchläuft. Es wurde festgestellt, daß der Temperaturbereich, in dem die Zersetzungsprodukte sich als amorph erwiesen, bei den einzelnen Salzen eine recht unterschiedliche Ausdehung besitzt. Dieser Effekt ist vor allem sehr deutlich in den DTA-Diagrammen zu erkennen (Abb. 5). Die drei verschiedenen Kurventypen I, II und III zeigen neben den bei niederen Temperaturen in der Lage und Intensität unterschiedlichen Ausschlägen, die auf H_2O- bzw. NH_3-Abgaben zurückzuführen sind, außerdem noch die als endothrem

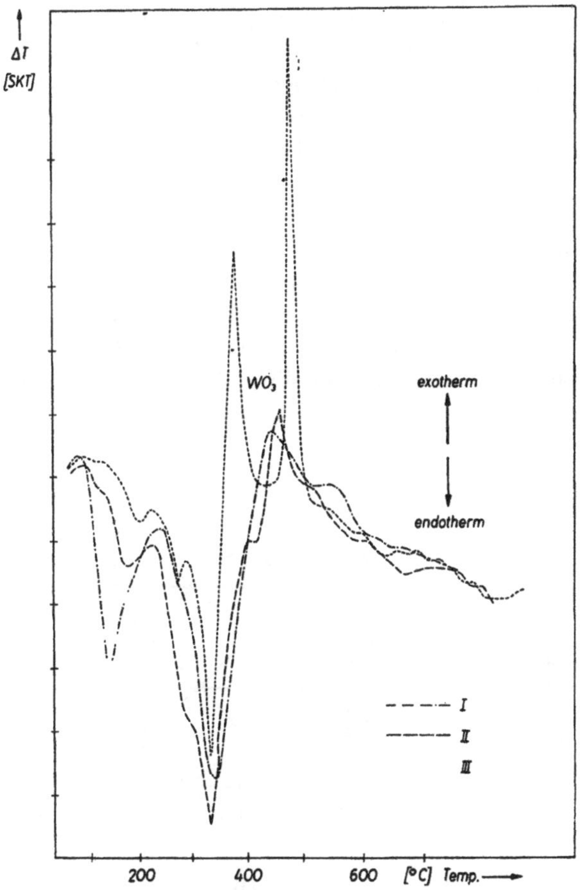

Abb. 5. DTA-Kurven vom Natrium-Ammonium-Parawolframat (I), Ammoniumparawolframat-Heptahydrat (II) und Ammoniumparawolframat-Pentahydrat (III)

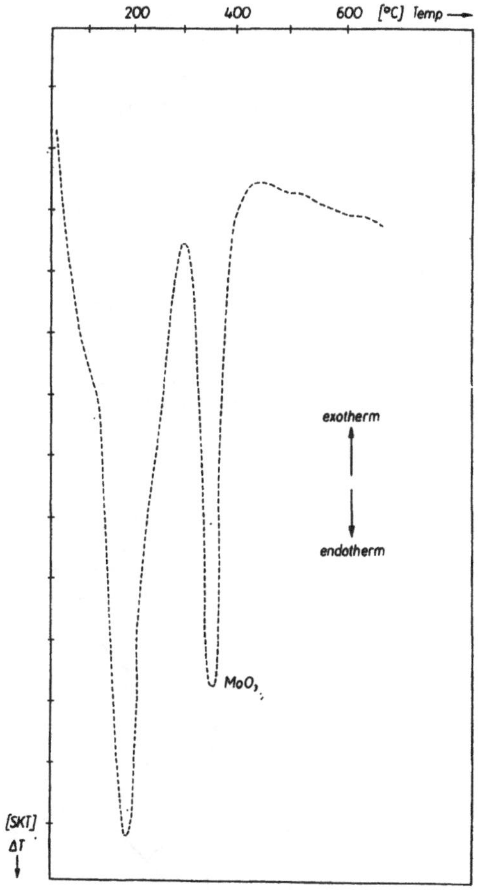

Abb. 6. DTA-Diagramm des Ammoniumparamolybdates: $3(NH_4)_2O \cdot 7MoO_3 \cdot 4H_2O$

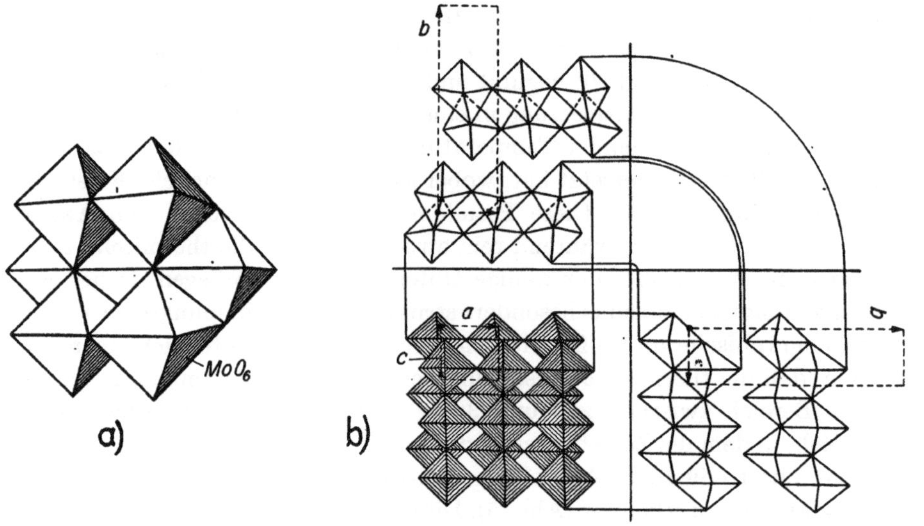

Abb. 7. a) Struktur des Paramolybdations nach LINDQUIST [12] b) Struktur des MoO_3 nach BRÄKKEN [13]

verlaufende Reaktion des Zerfalls des Ammoniumparawolframatgitters. Der für den amorphen Bereich charakteristische Reflex ist beim Ammoniumparawolframat-Heptahydrat besonders breit und stark ausgebildet, während er dagegen beim Pentahydrat geringere Breite und Intensität besitzt. Die bei 400°C auftretenden Ausschläge sind dem exothermen Aufbau der WO_3-Struktur zuzuordnen, wobei die abgegebene Wärme sich aus der entsprechenden Verbindungs- und Kristallisationswärme zusammensetzt. Innerhalb des Temperaturbereichs von 500 bis 800 °C konnten thermodifferentialanalytisch keine weiteren Gitterumwandlungen mehr nachgewiesen werden.

Im Hinblick auf eine Deutung des Reaktionsmechanismus wurde analog dazu die thermische Zersetzung des Ammoniumparamolybdates untersucht. Röntgenographisch konnte eine Zersetzung des $3(NH_4)_2O \cdot 7MoO_3 \cdot 4H_2O$ über einen amorphen Bereich nicht festgestellt werden. Der Übergang zum MoO_3 erfolgt spontan bei einer bestimmten Temperatur. Das DTA-Diagramm zeigt deutlich, daß die Reaktion im Gegensatz zum Aufbau der WO_3-Struktur endotherm verläuft (Abb. 6).

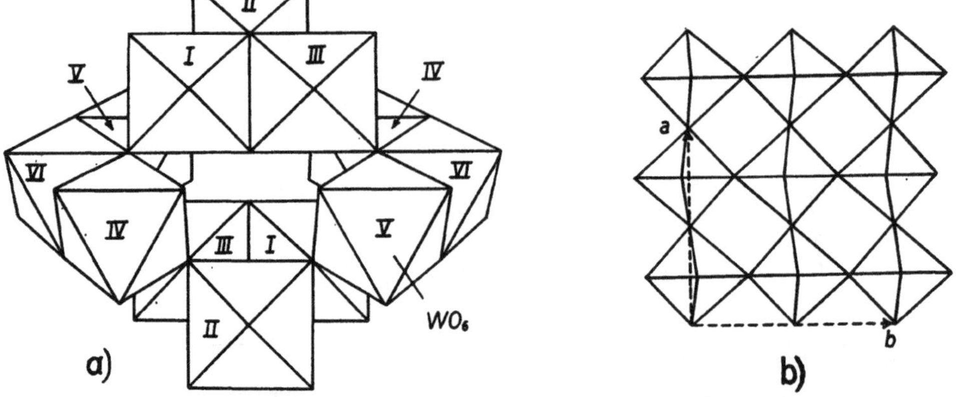

Abb. 8. a) Struktur des Parawolframations nach LINDQUIST [5] b) Struktur des WO_3 nach BRÄKKEN [13]; Projektion auf (001)

Die Ursachen für den so unterschiedlichen Reaktionsmechanismus scheinen im strukturellen Aufbau der beiden Verbindungen zu liegen, was bei der näheren Betrachtung der Strukturen des Paramolybdat- und Parawolframations ohne weiteres einleuchtet. Beim $Mo_7O_{24}^{6-}$-Ion sind die MoO_6-Oktaeder in der angegebenen Weise nur über die Kanten verknüpft, so daß durch einfache Translationen das Molybdäntrioxydgitter erhalten werden kann (Abb. 7). Das Parawolframation zeigt dagegen eine wesentlich kompliziertere Anordnung (Abb. 8), in der die WO_6-Oktaeder teils über die Ecken und teils über die Kanten verknüpft sind. Der Übergang zur WO_3-Struktur ist nur durch eine vollkommene Umgruppierung der WO_6-Oktaeder möglich. Durch diesen Umbauvorgang ist das Auftreten eines röntgenamorphen Bereiches ohne weiteres verständlich. — Die sich bei höheren Temperaturen abspielenden Umwandlungen des Wolframtrioxyds von der monoklinen zur tetragonalen Struktur sowie die Bildung einer Ammoniumwolframbronze werden zur Zeit mit Hilfe der UNICAM-Hochtemperaturkamera untersucht. Daher sind die angeführten Ergebnisse nur als Teilergebnisse einer relativ komplexen Untersuchung der Ammoniumparawolframate und deren thermischer Zersetzung zu betrachten.

Literatur

[1] Laurent, M. A., Ann. Chim. Phys. [3], **21** (1847) 54.
[2] Jander, G. u. Heukeshoven, W., Z. anorg. allg. Chem. **187** (1930) 60.
[3] Jander, G. u. Jahr, K. F., Kolloid-Beih. **41** (1935) 299.
[4] Jander, G. u. Krüerke, U., Z. anorg. allg. Chem. **265** (1951) 244.
[5] Lindquist, I., Acta Cryst. **5** (1952) 667.
[6] Hähnert, M., Naturwiss. **48** (1961) 453.
[7] Marignac, M. C., Ann. Chim. Phys. [4], **3** (1864) 5.
[8] Taylor, T. M., J. Amer. Chem. Soc. **24** (1902) 629.
[9] Anthon, E. F., J. prakt. Chem. **8** (1836) 399.
[10] Hähnert, M., Ber. Geol. Ges. DDR **6** (1961) 64.
[11] Kerndt, Th., J. prakt. Chem. **41** (1847) 190.
[12] Lindquist, I., Reg. Soc. Sci. Upsal. (4) **15**, Nr. 1.
[13] Bräkken, H., Z. Krist. **78** (1931) 484.

Züchtung von SiC-Einkristallen

Von H.-D. Witzke, Berlin

Siliziumkarbid hat auf Grund seiner elektrischen Eigenschaften neuerdings als Material für Bauelemente in der Halbleitertechnik ein weiteres Anwendungsgebiet gefunden. Diese Verwendung stellt neue Anforderungen an das benutzte Material. Es muß in sehr großer Reinheit und als Einkristall vorliegen, da die elektrischen Eigenschaften (Leitungsmechanismus) eine empfindliche Funktion des Verunreinigungsgrades darstellen. Außerdem möchte man den Halbleiterkristall in gewünschter Weise dotieren. Da das technische Produkt diesen Erfordernissen nicht genügt, ergibt sich die Notwendigkeit neuer Herstellungmethoden für reines SiC. Die Reinigung des technischen SiC durch Zonenschmelzen wie beim Germanium versagt hier, da SiC vor Erreichen des Schmelzpunktes verdampft.

Bevor auf Verfahren zur Züchtung von SiC-Einkristallen eingegangen wird, sei kurz die Kristallstruktur des SiC angeführt. Siliziumkarbid kristallisiert in einer kubischen (β-SiC) und einer hexagonalen (α-SiC) Modifikation. Kubisches SiC besitzt Zinkblendestruktur. Oberhalb etwa 2100 °C — nach neueren Arbeiten von Adamsky [1] bereits bei 1500 °C — erfolgt ein monotroper Übergang in hexagonales SiC, das im Wurtzitgitter kristallisiert. Von kubischem SiC ist bisher kaum Kristallwachstum bekannt, während man beim hexagonalen, technischen SiC häufig Drusen mit tafeligen Einkristallen beobachtet. Inwieweit das bessere Kristallwachstum beim α-SiC strukturell bedingt ist, bleibt noch ungeklärt.

Bei den durchgeführten Züchtungsversuchen lassen sich zwei Wege unterscheiden: Züchtung durch Sublimation von SiC und Züchtung durch thermische Zersetzung von $SiCl_4$ und Toluol [2, 3].

Züchtung durch Sublimation

Die Schwierigkeit bei der Sublimation von SiC besteht einerseits darin, daß es erst oberhalb 2000 °C merklich zu verdampfen beginnt, zum anderen ist die Verdampfung von einer teilweisen Zersetzung des SiC in Graphit und Siliziumdampf (Pseudomorphose von Graphit nach SiC) begleitet. Daher ist ein abgeschlossener Sublimationsraum notwendig, in dem sich ein Gleichgewichtsdruck einstellen kann. Ist der Züchtungsraum gasdurchlässig, wie es z. B. bei Graphittiegeln bei hohen Temperaturen der Fall ist, so diffundiert der agressive Siliziumdampf mit dem weitaus größeren Partialdruck aus dem Tiegel. Zur Einstellung des gestörten Gleichgewichtsdruckes wird weiteres SiC zersetzt, wodurch die für das Kristallwachstum wichtige SiC-Konzentration in der Nährphase abnimmt.

Den Züchtungsversuchen lag die Apparatur von Lely [4] zugrunde, dem zum erstenmal die Herstellung reiner (farbloser) SiC-Einkristalle mit bestimmter Dotierung im Labor gelang. Als Sublimationsraum diente ein Graphittiegel mit einer Innenauskleidung von gesintertem SiC. Der Tiegel wurde stehend in einem Kohlerohrofen mit einer maximalen Leistung von 20 kW etwa 15 Minuten in Schutzgasatmosphäre (Stickstoff, Argon) auf 2300 bis 2500 °C gehalten.

Die lichte Weite des Kohleheizrohres betrug 39 mm, der äußere Tiegeldurchmesser 32 mm, der Sublimationsraum besaß einen Durchmesser von 10 mm. Die Temperatur wurde pyrometrisch bestimmt.

Nach Beendigung des Versuches war die Innenseite des Züchtungstiegels mit hexagonalen SiC-Einkristallen bewachsen. Die durchschnittliche Größe der tafelförmigen Kristalle lag bei 1 bis 2 mm im Durchmesser und 0,05 mm Dicke. Die Kristalle waren häufig ineinandergewachsen und schwach grünlich gefärbt. Dünne Kristallplättchen von etwa 20 μ Stärke waren gut ausgebildet und durchsichtig. Neben den groß ausgebildeten Basisflächen (0001) traten Pyramidenflächen $(10\bar{1}1)$ auf. Leitfähigkeitsmessungen wurden wegen der geringen Größe der Kristalle nicht durchgeführt.

Die Dauer der Züchtungsversuche wird durch den Zeitpunkt der Zersetzung der SiC-Wand im Tiegel begrenzt. Größere Kristalle dürften bei der benutzten Tiegeldimension kaum zu erwarten sein.

Züchtung durch thermische Zersetzung von $SiCl_4$ und Toluol am glühenden Kohlefaden

In experimenteller Hinsicht wurde von der bei Kendall [5] beschriebenen Apparatur ausgegangen. Den Reaktionsraum bildete ein Dreihalskolben aus Jenaer Glas. Als Stromzuführungen waren im mittleren Schliff zwei Wolframdrähte in einem Abstand von 2 cm eingeschmolzen. Zwischen den Drähten befand sich ein dünner Kohlefaden (⌀ 0,175 mm). Der Kontakt Wolfram-Kohlefaden wurde mit Graphitemulsion (Graphit und Wasser) hergestellt. In sauerstofffreier Atmosphäre (N_2, H_2, Argon) konnte der Faden bei Anlegen einer Spannung (~ 25 V, 1 A) ohne Kontaktschwierigkeiten bis 2400 °C aufgeheizt werden.

Der meist als Schutzgas benutzte Wasserstoff wurde durch einen Trockenturm mit $CaCl_2$ und danach durch drei parallel geschaltete Waschflaschen geleitet, die konzentrierte Schwefelsäure, $SiCl_4$ und Toluol enthielten. Der mit $SiCl_4$ und Toluol angereicherte Wasserstoff gelangte dann in den Reaktionsraum, wo am glühenden Kohlefaden die SiC-Bildung erfolgte. Durch Verändern der Hahnstellungen war eine Änderung der Zusammensetzung des Reaktionsgases möglich. Die Abgase wurden zum Abfangen des gebildeten Chlorwasserstoffs durch Natronlauge geleitet. Die Temperatur wurde mit einem Strahlungspyrometer bestimmt.

Nach Kendall liegen die günstigsten Bedingungen für die SiC-Bildung bei 2100 bis 2200 °C und einem Verhältnis von $SiCl_4$: Toluol = 2 : 1. Dieses Verhältnis wird relativ durch die Zahl der in der Zeiteinheit durch die entsprechend gefüllten Waschflaschen gehenden Wasserstoffblasen angegeben.

Es wurden Versuche bei 2300 °, 2200 ° und 2000 bis 2100 °C durchgeführt. Um bei den Versuchen die Temperatur konstant zu halten, mußte die Spannung dauernd verändert werden, da durch Ablagerungen eine Widerstandsänderung des Kohlefadens eintrat. Die Versuchsdauer erstreckte sich über etwa 15 Minuten, dann brannte der Faden meist durch. Es war schwer, reproduzierbar zu arbeiten.

Bei Versuchen um 2300 °C war der Kohlefaden nach dem Versuch mit gelbem, polykristallinen SiC der kubischen Modifikation bewachsen. Den Nachweis erbrachten röntgenographische Pulveraufnahmen. Ein ausgeprägtes Kristallwachstum war nicht zu beobachten. Ähnlich verliefen die Versuche bei 2200 °C. Die besten Ergebnisse mit dieser Apparatur wurden bei 2000 bis 2050 °C und einem Verhältnis von $SiCl_4$: Toluol = 3 : 1 erzielt. Man erhielt glasklare gelbliche Kristallaggregate, die aus ineinandergewachsenen Kristallen bestanden und bis 0,5 mm groß wurden. Die Kristalle besaßen tetraedrischen Habitus und ließen zum Teil gut ausgebildete (111)-Flächen erkennen.

Ein weiteres Wachstum der Kristalle war wegen des starken Temperaturgradienten nicht möglich. Bei nachträglicher Temperaturerhöhung begannen die gebildeten Kristalle zu sublimieren und vom Kohlefaden abzufallen. Zur Erzielung eines besseren Kristallwachstums wurde daher für weitere Versuche eine veränderte Apparatur benutzt.

Züchtungsversuche am Kohlestab

Unter sonst gleichen Bedingungen wie bei der vorigen Apparatur wurde zur Verbesserung des Kristallwachstums eine größere Wachstumsfläche mit geringerem Temperaturgradienten geschaffen. Als Heizelement und Aufwachsfläche wurde ein in der Mitte verjüngter Spektralkohlestab verwendet (Durchmesser 0,5 cm). Um den Stab wurde ein Kohlerohr angebracht, das die Wärmeabstrahlung und gleichzeitig den radialen Temperaturgradienten verringern sollte. Einige Bohrungen gaben die Sicht zur Kohle frei und ermöglichten die pyrometrische Temperaturmessung. Zusammensetzung und Weg der Reaktionsgase waren wie in der oben beschriebenen Anordnung.

Die Versuche verliefen bei 2000 °C und dauerten meist 20 bis 25 Minuten, dann brachen die Kohlestäbe infolge Verdampfung oder mechanischer Spannungen.

Die Veränderungen an der Apparatur bewährten sich. Das Kristallwachstum war wesentlich ausgeprägter als bei den am Kohlefaden durchgeführten Versuchen. Die durchsichtigen gelben Kristalle waren maximal über einen Millimeter groß und zeigten gute Flächenausbildung. Der röntgenographische Nachweis ergab β-SiC. Auch die Morphologie spricht deutlich für die kubische Modifikation. Die gefundenen Kristalle stellen ohne Ausnahme Kombinationen von Würfeln $\{100\}$ und Tetraedern $\{111\}$ bzw. $\{\bar{1}\bar{1}\bar{1}\}$ mit tetraedrischem Habitus dar. Außerdem traten Flächen eines Tristetraeders $\{hll\}$ auf. Die Kristalle wurden goniometrisch vermessen.

Bei Versuchen um 1500 °C konnten säulig-prismatische Kristalle mit hexagonalem Querschnitt gefunden werden. Der Durchmesser betrug bis zu 0,1 mm, die maximale Länge 0,3 mm. Die Kristalle waren grünlich gefärbt und durchsichtig. Nach röntgenographischen Untersuchungen darf man schließen, daß es sich um hexagonales SiC handelt.

Auch bei den hier erhaltenen Kristallen konnten infolge der geringen Dimensionen keine Leitfähigkeitsmessungen durchgeführt werden, so daß eine genaue Reinheitsangabe nicht möglich ist.

Literatur

[1] Adamsky, R. F. u. Merz, K. M., Z. Krist. **111** (1959) 350.
[2] Witzke, H.-D., Dipl.-Arb., Min.-Petr. Inst. der Humboldt-Univ. Berlin 1960.
[3] Jegerlehner, K., Dipl.-Arb., Min.-Petr. Inst. der Humboldt-Univ. Berlin 1960.
[4] Lely, J. A., Z. angew. Chem. **66** (1954) 713.
[5] Kendall, J. T., J. chem. Phys. **21** (1953) 821.

Bei Fragen zur Produktsicherheit wenden Sie sich bitte an:
If you have any questions regarding product safety,
please contact:

Walter de Gruyter GmbH
Genthiner Straße 13
10785 Berlin
productsafety@degruyterbrill.com